JN215436

PERFECT PET OWNER'S GUIDES

飼育、接し方、品種、
健康管理のことが
よくわかる

（コガネメキシコ、オキナインコ、
ウロコメキシコインコ他）

中型インコ
完全飼育

著————すずき莉萌

一部執筆————島森尚子 ヤマザキ動物看護大学教授

SEIBUNDO
SHINKOSHA

PERFECT PET OWNER'S GUIDES

目次

はじめに

少し前までは、中型インコの飼育は一部の
愛鳥家たちだけの楽しみでした。
最近ではブリーディング個体が入手しやすくなり、
鳥種にあった人工飼料も発売され、
鳥を診ることができる動物病院も増えています。
そのおかげで誰でも安心して
中型インコを飼育できるようになったと言えるでしょう。
そうはいっても、コンパニオンバードとしての歴史が長い
人気の小型インコとは異なり、多くの中型インコは未知な部分も多く、
食餌や習性など特性にあった飼育が欠かせません。
そこで、本書ではヤマザキ動物看護大学教授の島森尚子先生のお力添えを頂き、
「中型インコの仲間たち」の頁でそれぞれの種について
最新の情報を執筆して頂きました。
また、ライフスタイルにあった鳥の選びかたから
生理学や栄養学、緊急時の応急処置など幅広く取り上げています。
この本がかわいいインコたちとの
幸せな暮らしの一助になれば幸いです。

すずき莉萌

中型インコの仲間たち

PHOTO ALBUM

PERFECT
PET
OWNER'S
GUIDES

アケボノインコ属 Pionus

アケボノインコ

Data

[学 名] *Pionus menstruus*

[標準英名] Blue-headed Parrot

[全 長] 28cm

[体 重] 234〜295g

[原産地] コスタリカ、ブラジル南西部

　アケボノインコは一般に穏やかで賢く、飼育しやすいインコで、性格はおっとり型が多いようです。色合いはシックで、頭部の美しい青色が特徴的です。3亜種があり、それぞれ頭部の青の色合いが異なります。

　アケボノインコの最大の美点は、同サイズのほかのインコと比べて声が小さいことでしょう。あくまで「比較的」ということであり、呼び鳴きの声はそれなりに甲高いのでご注意ください。

PHOTO ALBUM

アケボノインコ属 Pionus

スミレインコ

Data

【 学 名 】	*Pionus fuscus*
【標準英名】	Dusky Parrot
【 全 長 】	26cm
【 体 重 】	179〜222g
【 原産地 】	南米北西部

　色合いは地味なようですが、日光の当たるところで見ると羽の色が金属光沢を放つ、大変美しい鳥です。翼を広げると見える美しいスミレ色の風切羽が和名の由来です。性格が比較的おとなしく、声も大きくはありません。よく馴れますので、北米ではコンパニオンバードとして人気があります。

　虹彩が茶色いため目がつぶらで大きく見えますが、それも人気の秘密かも知れません。

ドウバネインコ

　地味ながら金属光沢が美しく、特に胸の薄紅色と暗色の部分とのコントラストは個性的です。薄紅色の羽毛が胸元に見られますが、その広がりには個体差があり、個性を醸し出します。

　性格はおっとり型の引っ込み思案が多いようですので、馴れるまでやさしく接するようにしましょう。

Data

【学名】	*Pionus chalcopterus*
【標準英名】	Bronze-winged Parrot
【全長】	29cm
【体重】	210g
【原産地】	ベネズエラからペルー北西部

中型インコの仲間たち

PHOTO ALBUM

PERFECT
PET
OWNER'S
GUIDES

アケボノインコ属 Pionus

メキシコシロガシラインコ

Data

【学 名】 *Pionus senilis*
【標準英名】 White-crowned Parrot
【全 長】 24cm
【体 重】 193〜229g
【原産地】 メキシコ北西部からパナマ西部

　純白の額とオレンジ色の裸眼輪、さらに下クチバシの下の白い羽が特徴です。賢く、比較的落ち着いた鳥が多いようですが、興奮すると叫び声をあげます。

　野生では熱帯降雨林で暮らしているので、湿度は高い方がよいようです。乾燥しすぎないように、定期的にスプレーで水をかけるか、浅い容器に水を入れて水浴びさせてやりましょう。

オキナインコ属 Myiopsitta
オキナインコ

オキナインコ ブルー
赤色や黄色を生じるシッタシン色素が欠ける劣性
の突然変異で、緑の部分がブルーになります。

Data

【学 名】	*Myiopsitta monachus*
【標準英名】	Monk Parakeet
【全 長】	29cm
【体 重】	127〜140g
【原産地】	南米東南部

　野生のオキナインコは、木の枝で巨大な集合住宅のような構造物を作り、各部屋でつがいが子育てをすることで知られています。また、物まねが上手な個体が多く、長い語句や歌を覚えることができます。

　賢く、人によく馴れ、遊び好きなオキナインコは、コンパニオンバードとしてはかなり上位にランクされるでしょう。色変わりも作出されています。

PHOTO ALBUM

シロハラインコ属 Pionites

シロハラインコ

ひな

Data

【 学 名 】 *Pionites leucogaster*
【標準英名】 White-bellied Parrot
【 全 長 】 23cm
【 体 重 】 165〜170g
【 原産地 】 アマゾン川流域

陽気で遊び好き、いたずらも大好きでよく馴れるので、コンパニオンとして人気の高い鳥です。一緒に遊ぶ時間を長く取れる飼い主さんにぴったりで、一緒に色々な遊びを楽しめます。

ただし、他の鳥に対して攻撃的になる鳥もいますので、他の鳥と一緒に遊ぶときは目を離さないようにしましょう。

シロハラインコ属 Pionites

ズグロシロハラインコ

Data

【 学 名 】	*Pionites melanocephalus*
【標準英名】	Black-headed Parrot
【 全 長 】	23cm
【 体 重 】	130～170g
【 原産地 】	アマゾン川流域

　大きな裸眼輪で愛嬌ある顔立ちのズグロシロハラインコは、シロハラインコ同様、コンパニオンとして人気のある鳥で、陽気で遊び好きな性格の持ち主です。おしゃべりよりも芸が得意ですが、教えるときには、無理させず、一緒に楽しむ気持ちでやってみるとよいでしょう。

PERFECT
PET
OWNER'S
GUIDES

ウロコメキシコインコ属 Pyrrhura

ウロコメキシコインコ

比較的おとなしい個体が多いのですが、中には他の鳥に攻撃的になるものもいるようです。そういう鳥は、実は用心深く臆病なことが多いので、あせって躾けようとせずに、まずは安心できる環境を作り、気長に接してやりましょう。彼らの豊かな個性を理解してやれれば、よい関係を築けるはずです。

Data

〔 学 名 〕 *Pyrrhura frontalis*
〔標準英名〕 Reddish-bellied Parakeet
〔 全 長 〕 26cm
〔 体 重 〕 72〜94g
〔 原産地 〕 南米東南部

アオシンジュウロコインコ

Data

〔学名〕	*Pyrrhura lepida coerulescens*
〔標準英名〕	Pearly Parakeet
〔全長〕	24cm
〔体重〕	70g
〔原産地〕	ブラジル

　アオシンジュウロコインコはシンジュウロコインコ（*P. l. lepida*）の亜種で、どちらも人気のある飼い鳥です。大変活発で遊び好きですので、かじったりできるような、安全なおもちゃを与えておくとよいでしょう。パズルやベルのようなおもちゃで芸を教えることもできます。

　水浴びを好きな鳥も多いので、スプレーなどで定期的に水をかけてやりましょう。

PHOTO ALBUM

PERFECT PET OWNER'S GUIDES

ウロコメキシコインコ属 Pyrrhura

アカハラウロコインコ

　真っ赤な腹部が印象的な鳥です。かつてはシンジュウロコインコの一亜種とされていましたが、現在は独立した種と考えられています。

　やんちゃですが用心深い一面もあり、個性的なコンパニオンになります。他のウロコインコの仲間同様、遊び好きの活発な鳥ですので、ストレス発散のためにも、かじって遊べるおもちゃを与えておくとよいでしょう。

Data

【 学名 】	*Pyrrhura perlata*
【標準英名】	Crimson-bellied Parakeet
【 全長 】	24cm
【 体重 】	85〜94g
【 原産地 】	ブラジル、ボリビア

ウロコメキシコインコ属 Pyrrhura

ホオミドリウロコインコ

基亜種の他に6亜種がありますが、どれもほぼ同じ地域に分布しているため、それぞれを見分けるのは困難です。様々な色変わり品種が作出されており、大変人気のあるコンパニオンバードです。活発な鳥が多いのですが、色変わりの方が、一般的にはややおとなしいかも知れません。個性を見極めて付き合ってゆきたいものです。

《ノーマル》

Data

【 学 名 】	*Pyrrhura molinae*
【標準英名】	Green-cheeked Parakeet
【 全 長 】	26cm
【 体 重 】	60〜80g
【 原産地 】	ブラジル南部およびボリビア南東部

PHOTO ALBUM

ウロコメキシコインコ属 Pyrrhura

ホオミドリウロコインコ

《シナモン》　　　　　　　　　　　　《シナモンオパーリン（イエローサイデッド）》

シナモン因子の働きにより、全体は薄い黄緑で頭部は焦げ茶色、尾羽の色もノーマルより薄くなります。伴性遺伝です。

シナモンに、これも伴性のオパーリン（イエローサイデッド）因子が加わった色変わりです。「パイナップル」とも呼ばれています。

《ターコイズ》

「ブルー」とも呼ばれています。ターコイズ因子は劣性遺伝をし、黄色と赤の色素（シッタシン色素）の発現を阻害します。

ウロコメキシコインコ属 Pyrrhura

ホオミドリウロコインコ

ワキコガネウロコインコ

［ 学名 ］ *P. m. hypoxantha*

この鳥は、かつては別の種（*P. hypoxantha*）とされていましたが、最新のIOCリストではホオミドリウロコインコの亜種として扱われています。他の亜種と異なり、脇腹から胸部にかけて黄色いので見分けがつきやすいのですが、品種改良の結果と間違えやすいので要注意です。色変わり品種も作出されています。

《ノーマル》

原種と同じ色合いです。ホオミドリウロコインコの色変わりではありません。

《レッド》

「レッド」と呼ばれる色変わりは、シナモンオパーリンのうち、赤色が強く出るよう交配されたものです。

PHOTO ALBUM

ウロコメキシコインコ属 Pyrrhura

アカビタイウロコインコ

Data

〖 学 名 〗	*Pyrrhura roseifrons*
〖標準英名〗	Rose-fronted Parakeet
〖 全 長 〗	22cm
〖 体 重 〗	54〜70g
〖 原産地 〗	ブラジル北部、ペルー西北部および ボリビア南部より北部のアマゾン川 流域

　頭部が赤色をした美しいインコですが、分類上の議論のある種でもあります。現在の研究では4亜種が存在するとされ、頭部の赤色の範囲や黄色いイヤーパッチ、胸の模様等に差異があります。

　賢く、おしゃべりを覚えるものもいますが、活発でやや落ち着きを欠く鳥もいるようです。

穏やかな環境で飼育するように心がければ徐々に落ち着いて暮らしてゆけるでしょう。小柄ながらかなりの壊し屋さんが多いので、咬んで遊べるおもちゃを与えておきましょう。水浴びを好む鳥には、スプレーで雨のように水をかけてやると喜びます。

ウロコメキシコインコ属 Pyrrhura

ズアカウロコインコ

頭部の赤い羽が和名の由来ですが、この鳥の頭部には緑の羽が残っています。これはこの鳥がまだ若鳥であることを示しています。成鳥になると、頭部は鮮やかな赤、またはばら色になります。

他のウロコメキシコインコ属に比べ、鳴き声がやや静かだと言われていますが、活発な鳥であることに変わりはありません。人によく馴れると言われており、人工育雛個体でなくてもよく馴れた例をローが紹介しています。繁殖が比較的容易なのも、飼育数が増えてきた理由でしょう。

Data

[学 名] *Pyrrhura rhodocephala*
[標準英名] Rose-headed Parakeet
[全 長] 24cm
[体 重] 75〜80g
[原産地] ベネズエラ北西部高地

中型インコの仲間たち

PHOTO ALBUM

PERFECT
PET
OWNER'S
GUIDES

ウロコメキシコインコ属 Pyrrhura

アカオウロコインコ

白い裸眼輪がなく、ブルーの額、目の周囲が赤茶色、喉から胸にかけて扇状の模様があるというたいへん派手な風貌の美しい鳥です。裸眼輪が無いためか、愛嬌があると言うよりもちょっと気取った印象を受けますが、実際には遊び好きで陽気な性格で、コンパニオンとして優れた性質を持っているのはほかの仲間と大差ありません。

Data

〖 学 名 〗	*Pyrrhura picta*
〖標準英名〗	Painted Parakeet
〖 全 長 〗	22cm
〖 体 重 〗	54〜70g
〖 原産地 〗	ベネズエラからブラジルの北端の低地から標高1,200m程度まで

ウロコメキシコインコ属 Pyrrhura

イワウロコインコ

基亜種の他に1亜種があります。生息域であるアマゾン川流域の森林破壊の影響で、野生での生息数が減少していると言われています。

飼育下での繁殖の歴史が浅く、選択育種が進んでいないせいか、臆病な個体もいるようですが、元来賢いので、落ち着けば飼い主によく馴れるでしょう。

Data

【学 名】	*Pyrrhura rupicola*
【標準英名】	Black-capped Parakeet
【全 長】	25cm
【体 重】	70g
【原産地】	ペルー中東部、ボリビア北部およびブラジル西端部

中型インコの仲間たち

PHOTO ALBUM

PERFECT
PET
OWNER'S
GUIDES

クサビオインコ属　Aratinga

コガネメキシコ

　カラフルなクサビオインコ属の中でもひときわゴージャスで、もっとも人気のある鳥です。よく馴れますし、賢くて遊び好きの楽しい鳥ですが、飼い主と常に一緒にいたがり、さびしいと大きな呼び声をあげるのが難点です。一般に、おしゃべりは上手ではありませんが、数語を覚えるものもいるようですので、遊びながら教えてみてください。

Data

【学名】	*Aratinga solstitialis*
【標準英名】	Sun Conure
【全長】	30cm
【体重】	120〜130g
【原産地】	ブラジル北西部からガイアナ

クサビオインコ属　Aratinga

ゴシキメキシコ

Data

【 学 名 】	*Aratinga auricapillia*
【標準英名】	Golden-capped Conure
【 全 長 】	30cm
【 体 重 】	140〜150g
【 原産地 】	ブラジル南東部

　1980年代初頭から北米を中心に飼育下での繁殖が行われ、今日では飼い鳥として定着しましたが、生息地で熱帯降雨林の破壊が進んでいるため、野生では個体数が減少しています。

　賢くて美しいだけでなく、コガネやナナイロほどうるさくない鳥が多いので、とてもよいコンパニオンになります。手のひらで仰向けにころがるしぐさは見ているだけでも癒されます。

中型インコの仲間たち

PHOTO ALBUM

PERFECT
PET
OWNER'S
GUIDES

クサビオインコ属　Aratinga

ナナイロメキシコ

　ゴージャスな点でコガネメキシコに勝るとも劣りませんが、にぎやかで活発な点でもよい勝負です。他のメキシコインコ同様、物怖じせず、人間と遊ぶのが大好きですので、色々な遊びを工夫して、退屈させないようにしてやりましょう。

Data

[学 名] *Aratinga jandaya*
[標準英名] Jandaya Conure
[全 長] 30cm
[体 重] 125〜140g
[原産地] ブラジル北東部

クサビオインコ属 Aratinga

シモフリインコ

　クサビオインコの仲間の中ではおとなしい方だと言われることがありますが、おとなしい鳥というわけではありません。他の仲間同様、活発で孤独を嫌いますので、一緒に遊んでくれる飼い主さんに向いています。

Data

【 学 名 】	*Aratinga weddellii*
【標準英名】	Dusky-headed Parakeet
【 全 長 】	28cm
【 体 重 】	95〜115g
【 原産地 】	コロンビアからボリビア

中型インコの仲間たち

PHOTO ALBUM

PERFECT
PET
OWNER'S
GUIDES

クサビオインコ属　Aratinga

クロガミインコ

　頭部の色が黒く、裸眼輪の白と強烈なコントラストを見せるクロガミインコは、かつては「クロガミインコ属」に唯一属す種でしたが、現在はクサビオインコ属に分類されています。性質は社交的ですので、なるべく一緒に遊んでやりましょう。おもちゃなどを与え、退屈させない工夫もしてやってください。

Data

【学名】 *Aratinga nenday*
【標準英名】 Nanday Parakeet
【全長】 30cm
【体重】 125〜140g
【原産地】 ブラジル南西部、ボリビアからパラグアイ、およびアルゼンチン北部

Eupsittula属 *Eupsittula*

チャノドインコ

Data

[学 名] *Eupsittula pertinax*
[標準英名] Brown-throated Parakeet
[全 長] 25cm
[体 重] 76〜102g
[原産地] パナマから南米北部

　基亜種以外に14もの亜種があるとされますが、見分けるのは困難です。別名「サントメインコ」と呼ばれますが、これはこの鳥の産地の一つであるヴァージン諸島セント・トマス（ポルトガル語でサン・トメ）島から名付けられました。活発で陽気で、個性豊かでにぎやかな鳥が多いようです。

　IOCリスト8.1では、Eupsittula属に分類されます。

PHOTO ALBUM

Eupsittula属　Eupsittula

テツバシメキシコインコ

Data

【 学 名 】 *Eupsittula aurea*
【標準英名】 Peach-fronted Parakeet
【 全 長 】 26cm
【 体 重 】 80〜105g
【 原産地 】 ブラジル、ボリビアのアマゾン川流域、パラグアイ北部

　明るいオレンジ色の額が美しいインコです。和名は、クチバシの色がチャコールグレーであることに由来します。野生では昆虫や幼虫などを食べるとの報告もあり、食性は多様だと言えるでしょう。飼育下で昆虫などを与えるのは衛生面の問題もあり、おすすめできませんが、タンパク質が不足しないように、ペレット中心食にするとよいでしょう。

ニョオウインコ属 Guaruba

ニョオウインコ

Data

[学　名] *Guaruba guarouba*

[標準英名] Golden Parakeet

[全　長] 34cm

[体　重] 270g

[原産地] ブラジル北東部

　豪華な羽色の美しいインコです。野生では個体数が激減しており、IUCNの「危急種」、CITESのI類に指定されています。かつてはクサビオインコ属に属していましたが、IOCリストではニョオウインコ属に分類されています。この美しい鳥が野生で生き続けられるよう、鳥を愛するものとして祈らずにはいられません。

PHOTO ALBUM

Psittacara属　Psittacara

メジロメキシコインコ

Data

【学名】 *Psittacara leucophthalmus*
【標準英名】 White-eyed Parakeet
【全長】 32cm
【体重】 140〜170g
【原産地】 アマゾン川流域

　4亜種があります。IOCリスト8.1で分類が変わり、Psittacara属に分類されました。比較的広い地域の降雨林に住んでいます。緑色のインコという印象ですが、翼を広げると裏側の赤と黄色の美しい羽が見えます。

　降雨林出身の鳥にありがちなのは水浴びを好むことです。その場合には、浅いボウルで水浴びさせてやりましょう。

Thectocercus属　Thectocercus

トガリオインコ

Data

［学　名］ *Thectocercus acuticaudatus*
［標準英名］ Blue-crowned Parakeet
［全　長］ 37cm
［体　重］ 165g
［原産地］ 南米大陸内陸部

　この種も分類が変わり、新しい属（Thectocercus属）が作られました。

　映画『ポーリー』で有名になった鳥ですね。小型のコンゴウインコの仲間コミドリコンゴウによく似ていますが、トガリオインコのほうが裸眼輪が小さいので区別がつきます。幼鳥では額が緑色ですが、成鳥になるときれいな青色になります。個体差はありますが、概して、クサビオインコ属と比べれば静かだと言えます。おしゃべりがなかなか上手な鳥もいますし、人なつこい性格なので、よいコンパニオンになります。

PHOTO ALBUM

PERFECT PET OWNER'S GUIDES

ヒラオインコ属 Platycercus

ナナクサインコ

Data

[学 名] *Platycercus eximius*

[標準英名] Eastern Rosella

[全 長] 30cm

[体 重] 95〜120g

[原産地] オーストラリア南東部および
タスマニア

《ノーマル》

美しいヒラオインコ属の中でも最もカラフルなナナクサインコは、わが国でも古くから飼育され、愛好家の多い鳥です。色変わりも多く作出されていますし、安定した飼い鳥と言えます。

野生では花蜜や昆虫も食べると言われていますので、栄養失調を避けるためにも、やや高タンパクの飼料を与えるとよいでしょう。ペレット中心食なら安心です。性格面ではおっとりした個体が多いようです。

野生型で、カラフルな色合いです。

《オパーリン（レッド）》

ナナクサインコのオパーリンは伴性遺伝で、
体の黄および黄緑の羽が赤くなります。

《ルチノー》

劣性因子です。体は黄、風切り羽は白、
頭部は鮮やかな赤になります。

中型インコの仲間たち

PHOTO ALBUM

PERFECT
PET
OWNER'S
GUIDES

ヒラオインコ属 Platycercus

キセナナクサ

Data

[学 名] *Platycercus eximius elecica*
[標準英名] Golden-mantled Rosella
[全 長] 30cm
[体 重] 95〜120g
[原産地] オーストラリアニューサウスウェール
ズ州北部およびクィーンズランド州
北東部

　ナナクサインコの亜種ですが、こちらも古く
から飼育されています。比較的穏やかな性
質で、かつ社交的ですので、コンパニオン
としての適性は高いと言えます。鳥によって
は、飼い主さんの言葉や口笛を真似ること
もあり、愉快な家族になってくれるでしょう。

　地上採食の習性があるので、ケージから
出して遊ばせるときには、床に落ちたものを
鳥が拾って食べないように気をつけましょう。

ヒラオインコ属 Platycercus

ズグロサメクサインコ

Data

飼い鳥としては珍しいインコですし、残念ながら、野生での生息数も徐々に減りつつあるようです。

他のヒラオインコ属と比べるとペアリングが難しいと言われており、その代わり、いったんつがいになると一生続きます。飼い主や家族に対しても、同じような気むずかしさが見られるかも知れません。鳥の気持ちを尊重して飼育してやりましょう。

【 学 名 】	*Platycercus venustus*
【標準英名】	Northern Rosella
【 全 長 】	28cm
【 体 重 】	85〜100g
【 原産地 】	オーストラリア北部

PHOTO ALBUM

ヒラオインコ属 Platycercus

ココノエインコ

Data

[学 名] *Platycercus icterotis*
[標準英名] Western Rosella
[全 長] 26cm
[体 重] 45〜80g
[原産地] オーストラリア南西部

　2亜種があります。ナナクサインコのオパーリンと似ていますが、顔の下半分が黄色いため見分けがつきます。

　さほど騒がしい鳥ではありませんし、性格も穏やかなので、コンパニオン向きだと言えます。1羽で飼育する場合には、退屈させないように、安全なおもちゃなどを与えてやるとよいでしょう。

テンニョインコ

《ルチノー》

《ノーマル♀》

この鳥はメスで、頭部が
淡いカーキ色です。

1970年代にドイツのブリー
ダーが作出したと言われて
います。メラニン色素がす
べて抜け、のどの赤を除き
全身が黄色になります。

Data

【 学 名 】	*Polytelis alexandrae*
【標準英名】	Princess Parrot
【 全 長 】	40cm
【 体 重 】	92g
【 原産地 】	オーストラリア全土

　テンニョインコは美しい鳥の多いミカヅキイ
ンコ属の中でも最も美しい鳥です。学名の
*alexandra*は、デンマークの王女で、後に
英国王になる皇太子エドワード7世の妃に
なったアレグザンドラに由来しています。王
妃はその美貌で有名でしたが、動物好きと
しても知られていました。この鳥は雌雄で色
が異なり、オスの方が全体に鮮やかで、頭
部は水色です。飼い鳥としての歴史は古く、
色変わりも作出されています。

中型インコの仲間たち

PHOTO ALBUM

PERFECT
PET
OWNER'S
GUIDES

ミカヅキインコ属 *Polytelis*

ミカヅキインコ

Data

[学　名] *Polytelis swainsonii*
[標準英名] Superb Parrot
[全　長] 40cm
[体　重] 132〜157g
[原産地] オーストラリアニューサウスウェール
ズ州およびヴィクトリア州

　雌雄で色合いが異なり、オスは胸元に華やかな三日月模様がありますが、メスは全身が緑色です。また、オスの方がメスよりもやや体重が軽いとされます。これは、他のインコ類では逆であることが多いのです。

　野生では小さな群で行動し、オカメインコやヒラオインコの仲間と一緒にいるところが観察されていますが、生息数は減少の傾向にあります。したがって、野生個体の取引は禁止されていますが、国内繁殖の鳥であれば取引は制限されていません。

マキエゴシキインコ属 *Barnardius*

コダイマキエインコ

Data

【 学 名 】 *Barnardius zonarius*
【標準英名】 Australian Ringneck
【 全 長 】 37〜42cm
【 体 重 】 123〜143g
【原産地】 オーストラリア西部

　5亜種があり、色合いや大きさが少しずつ違います。また、雌雄でも色合いの差があり、メスの方が全体にやや地味ですが、実際には見分けは困難な場合が多いです。この鳥は、オスだと思われますが、どの亜種かについては不明です。

　ワールドパロットトラストによれば野生での個体数は増えつつあるようです。日本での飼育数はさほど多くありませんが、ヨーロッパでは人気があり、繁殖も行われています。

PHOTO ALBUM

PERFECT PET OWNER'S GUIDES

ハゴロモインコ属 *Aprosmictus*

ハゴロモインコ

Data

【 学 名 】 *Aprosmictus erythropterus*

【標準英名】 Red-winged Parrot

【 全 長 】 37〜42cm

【 体 重 】 123〜143g

【 原産地 】 オーストラリ西部、クィーンズランド州、およびパプアニューギニア南端

　雌雄で色が異なり、メスの緑色はやや地味で、翼の赤色の面積も小さいです。2亜種があり、翼の赤色の色合いで見分けます。活発で、止まり木で回転したりぶら下がったりと、アクロバットのような動作が得意な鳥が多いので、たっぷり遊べるような環境を作ってあげましょう。

　右上の写真の鳥はまだ幼鳥で、成鳥の羽の美しさがまだ表れていませんし、雌雄の区別もつきません。

ビセイインコ属 Psephotus

ビセイインコ

Data

- 【 学 名 】 *Psephotus haematonotus*
- 【標準英名】 Red-rumped Parrot
- 【 全 長 】 27cm
- 【 体 重 】 55〜85g
- 【 原産地 】 オーストラリア南東部

《ノーマル》
野生型の色合いです。
まるで違う鳥のようで
すね。

オス

メス

　その名の通り、インコ類としては珍しく、き
れいな声で鳴きます。古くから飼い鳥として
知られた鳥で、色変わりも作出されており、
よいコンパニオンになります。

　性質は穏やかで、飼い主に対して支配
的になることは少ないようです。美しい声、
愉快な動作などを楽しみながら、少し距離
を置いて付き合いたい飼い主さんにはうって
つけだと思います。

PHOTO ALBUM

ハネナガインコ属 Poicephalus

ズアカハネナガインコ

Data

【 学 名 】	*Poicephalus gulielmi*
【標準英名】	Red-bellied Parrot
【 全 長 】	28cm
【 体 重 】	200〜227g
【 原産地 】	アフリカ大陸中央部

　3亜種があります。「ズアカ」、つまり「頭赤」と名付けられていますが、頭部と言うより額の部分に、赤、またはオレンジ色の羽があり、亜種ごとに色合いが異なります。

　鳴き声は賑やかですが、言葉を覚える鳥も多く、愉快なコンパニオンになります。成鳥になると、オスの虹彩は赤、メスの虹彩はオレンジ色になり、雌雄を見分けられます。

ハネナガインコ属 Poicephalus

アカハラハネナガインコ

Data

【 学 名 】	*Poicephalus rufiventris*
【標準英名】	Red-bellied Parrot
【 全 長 】	22cm
【 体 重 】	113〜142g
【 原産地 】	アフリカ東部サバンナ地帯

　雌雄で色が異なるインコで、写真の鳥はオスで、腹部がオレンジ色です。メスでは腹部が灰褐色および緑色になります。この鳥は若鳥で、成鳥では色がはっきりし、虹彩が赤くなります。

　好奇心旺盛で活発な鳥ですので、いたずらしても大丈夫なように、安全に遊べる環境を作ってやりましょう。

中型インコの仲間たち
PHOTO ALBUM
PERFECT
PET
OWNER'S
GUIDES

ハネナガインコ属 *Poicephalus*

クロクモインコ

Data

〔 学 名 〕	*Poicephalus rueppellii*
〔標準英名〕	Rüppell's Parrot
〔 全 長 〕	22cm
〔 体 重 〕	105〜132g
〔 原産地 〕	アンゴラ、ナミビア

　雌雄で腹部および腰の色が異なります。写真の鳥は雌で、腹部と腰の羽が美しいブルーですが、オスは全身が灰褐色です。メスの方が華やかなのは鳥の世界では珍しいことです。

　若鳥は、メスの色をくすませたような色をしています。原産地ではペット取引のために生息数が減少しているとの報告もあり、保護活動の対象になっています。

ハネナガインコ属 Poicephalus

ネズミガシラハネナガインコ

Data

[学 名] *Poicephalus senegalus*
[標準英名] Senegal Parrot
[全 長] 23cm
[体 重] 155g
[原産地] ナミビア中央部からアンゴラ南西部

　3亜種があり、色合いがやや異なります。古くから飼育され人気のある鳥で、大変賢く愉快なコンパニオンになります。中にはおしゃべりが上手な鳥もおり、かなり個性豊かです。

　この鳥も、原産地でのペット取引のための密猟が問題になっています。1羽で飼育すると甘えん坊になりがちなので、適度な距離感を保って飼育しましょう。

PHOTO ALBUM

ハネナガインコ属 Poicephalus
ムラクモインコ

Data

【学 名】 *Poicephalus meyeri*
【標準英名】 Meyer's Parrot
【全 長】 21cm
【体 重】 100〜135g
【原産地】 中央および東アフリカ

　6亜種があり、色合いや模様が少しずつ異なります。シックな色合いも個性的ですが、ハネナガインコ属の魅力は、彼らの賢さにあると言ってもよいでしょう。一緒に楽しみながら色々な芸を教えたりできますし、おしゃべりを覚える鳥もいます。

　野生での生息数が地域によっては減少しているとの報告があり、保護活動の対象になっています。

ホンセイインコ属 Psittacula

ワカケホンセイインコ

《ノーマル》

《ブルー》

ブルーの若鳥です。雌雄はまだ分かりません。

オス

メス

オスでは、英名の通りばら色と黒色の輪が首についています。メスにはこの輪がありませんので、外観から雌雄の区別がつきます。ただし、写真の鳥のように若鳥の場合、オスでも輪の色が薄いので3歳くらいになるまでは判断できません。

　環境への適応性が非常に高いとされ、日本でも、全国で野生化した群が観察されています。ペットとしては、大変賢く、愉快な鳥なのですが、攻撃的になる場合があるので注意しましょう。

Data

[学　名] *Psittacula krameri*
[標準英名] Rose-ringed Parakeet
[全　長] 40cm
[体　重] 116〜140g
[原産地] アフリカ、パキスタン、ミャンマー

PHOTO ALBUM

ホンセイインコ属 Psittacula

ワカケホンセイインコ

《グレー》

くちばしの赤とのコントラストの美しい、きれいな色変わりです。

《パリド＝イノ（イエローヘッド）》

「イエローヘッド」と呼ばれる色変わりは、パリドとイノという2つの遺伝子が組み合わされたものです。

ホンセイインコ属 Psittacula

コセイインコ

Data

[学 名] *Psittacula cyanocephala*
[標準英名] Plum-headed Parakeet
[全 長] 33cm
[体 重] 66〜80g
[原産地] インド

　オスとメスとでは頭部の色の鮮やかさが違い、オスでは鮮やかなばら色です。写真の鳥はメスだと思われます。

　ホンセイインコ属の特徴なのですが、鳴き声が金属的で耳障りに感じられますので、飼育を考えている方は、一度声を確認することをお勧めします。また、攻撃的になる個体もいるようです。とはいえ、賢く楽しいコンパニオンになることは間違いありません。

中型インコの仲間たち

PHOTO ALBUM

PERFECT
PET
OWNER'S
GUIDES

テリハインコ属 Chalcopsitta

スミインコ

Data

[学 名] *Chalcopsitta atra*

[標準英名] Black Lory

[全 長] 32cm

[体 重] 230〜260g

[原産地] ニューギニア西部

　3亜種があります。すべて黒を基色として
いますが、頭部の色、尾羽の裏の色など
がやや異なります。写真の鳥は基亜種の
若鳥だと思われます。成鳥では、裸眼輪
の色も黒くなります。

　ヒインコ亜科の鳥の中では最もおとなしい
という声もあり、遊び好きで楽しいコンパニオ
ンになってくれます。エサは、ローリー用の
総合栄養食を与えましょう。

テリハインコ属 Chalcopsitta

キスジインコ

　3亜種があります。他のヒインコの仲間と同様、舌で花蜜をなめとる習性があるからでしょうか、飼い主の手などもよくなめます。スキンシップだと思って楽しんで下さい。

　愛嬌があり、楽しいペットになりますが、問題は、ヒインコ亜科全体に言えることですが、食性が特殊なことと、便が軟らかいので周囲を汚しがちなことでしょう。衛生面には十分注意してやって下さい。

Data

学名	*Chalcopsitta scintillata*
標準英名	Yellowish-streaked Lory
全長	31cm
体重	180〜245g
原産地	ニューギニア南部

PHOTO ALBUM

ヒインコ属 *Eos*

アオスジヒインコ

Data

【 学 名 】	*Eos reticulata*
【標準英名】	Blue-streaked Lory
【 全 長 】	31cm
【 体 重 】	145～155g
【 原産地 】	テニンバー諸島

　ヒインコ属（*Eos*）の鳥は、どれも美しい赤色を基調としており、大変華やかです。アオスジヒインコもその例に漏れず、赤い地色に真っ青の筋状の模様が目立つ個性的な鳥です。野生ではペット取引の増加と環境破壊とが相まって、生息数の減少が危惧されています。

　花蜜食の鳥であり、果物と雑穀類の食餌では十分な栄養がとれませんので、ローリー用の総合栄養食を与えましょう。

ヒインコ属 Eos

ヒインコ

Data

[学 名] *Eos bornae*
[標準英名] Red Lory
[全 長] 31cm
[体 重] 170g
[原産地] インドネシアのモルッカ諸島、
　　　　 アンボン、セパルア島原産

　4亜種があります。わが国でも古くから飼育されていますが、原産地では乱獲により個体数が減少していると言われています。

　羽毛の量が多いために寒さに強いようで、室内飼育の場合、健康状態がよく、ローリー用のエサを与えられていれば、冬も暖房の必要はないでしょう。

　声は大きくややにぎやかですが、賢いので、陽気で楽しいコンパニオンになります。これはヒインコ亜科の鳥一般に言えることですが、オスの中には発情の影響で攻撃的になるものもいますから注意が必要です。

ヒインコ属 Eos

コムラサキインコ

Data

【学名】	*Eos squamata*
【標準英名】	Violet-necked Lory
【全長】	27cm
【体重】	110g
【原産地】	モルッカ諸島

3亜種があります。成鳥では首の周囲に濃い紫色の輪が見られますが、幅の広さには個体差があり、また、亜種によって色合いも異なります。

声が甲高く耳障りなこと、および（ヒインコの仲間なので）軟便であることは難点ですが、とても賢く、よく馴れますので、コンパニオンとしての特性は高いと言えます。ヒインコの仲間ではやや小型ですので、その点も飼育しやすさに通じるのかも知れません。

セイガイインコ属 *Trichoglossus*

コセイガイインコ

Data

【 学 名 】 *Trichoglossus chlorolepidotus*

【標準英名】 Scaly-breasted Lorikeet

【 全 長 】 23cm

【 体 重 】 75〜95g

【 原産地 】 オーストラリア東部

　セイガイインコの仲間には珍しく、全身ほぼ緑という出で立ちです。成鳥では、黄色いさざ波模様が、首の後ろ、肩、および胸脇腹にかけて入りますが、写真の鳥は若鳥なのでしょう、模様がまだ少ないようです。

　動き回るのが大好きで、水浴びも好む鳥が多いようです。浅い水入れを用意しておいてやりましょう。野生では賑やかに群で移動します。

中型インコの仲間たち

PHOTO ALBUM

PERFECT
PET
OWNER'S
GUIDES

セイガイインコ属 *Trichoglossus*

ゴシキセイガイインコ

　ゴシキセイガイインコの分類はここ数年で大幅に変化し、愛好家を困らせています。一般に、種や亜種の同定は非常に困難です。加えて、飼育下でも野生でも種や亜種の間でハイブリッドが生じる上に、飼育下では色変わりが作出されているため、混乱が生じやすいのです。写真の鳥は、胸の色合いからして、ゴシキセイガイインコ(*Trichoglossus moluccanus*)に間違いないでしょう。性格は人なつこく、遊び好きです。

Data

【 学 名 】	*Trichoglossus moluccanus*
【標準英名】	Rainbow Lorikeet
【 全 長 】	26cm
【 体 重 】	100〜157g
【 原産地 】	オーストラリアおよびタスマニア

セイガイインコ属 *Trichoglossus*

ズグロゴシキインコ

Data

[学 名] *Trichoglossus ornatus*

[標準英名] Ornate Lorikeet

[全 長] 25cm

[体 重] 110g

[原産地] スラウェシ島

頭部は、「クロ」と言うより濃いブルーか紫で、胸の前部に縞模様が入ります。原産地では、開発と捕獲が進み、減少しつつあるようです。ヨーロッパでは1960年代の末ごろから飼育が始まりました。日本では1965年に故佐野晃氏によって繁殖されたという記録があります。その後、一時人気が落ちましたが、最近また飼育数が増えてきているようです。

PHOTO ALBUM

PERFECT PET OWNER'S GUIDES

セイガイインコ属 *Trichoglossus*

キムネゴシキインコ

3亜種がありますが、写真の鳥がどの亜種かは不明です。この種は標準和名が付けられていないのですが、胸の色から、キムネゴシキインコと呼ばれています。水浴びを好み、アクロバティックな遊びも大好きですので、安全なおもちゃなどを与えて、退屈しないようにしてやりましょう。

Data

【 学 名 】	*Trichoglossus capistratus*
【標準英名】	Marigold Lorikeet
【 全 長 】	26cm
【 体 重 】	100〜157g
【 原産地 】	小スンダ列島

オビロインコ属 Lorius

オトメズグロインコ

Data

【学　名】 *Lorius lory*

【標準英名】 Black-capped Lory

【全　長】 31cm

【体　重】 200〜260g

【原産地】 ニューギニア

　7亜種があるとされますが、どれも標準和名は「オトメズグロインコ」で、亜種間の違いは、主として体の濃紫色部分の広さです。区別は正確にはできませんし、亜種間でハイブリッドが生じている可能性もあり、同定は困難です。性格は活発で物まね上手な鳥も多く、にぎやかで楽しいコンパニオンになってくれます。

PHOTO ALBUM

オビロインコ属 *Lorius*

ショウジョウインコ

Data

【学名】	*Lorius garrulus*
【標準英名】	Chattering Lory
【全長】	30cm
【体重】	180〜250g
【原産地】	モルッカ諸島

　3亜種があります。古くから飼育されており、江戸時代の文献にも見られます。ショウジョウインコは大変活発で楽しい鳥で、モノマネもしますし、陽気な性格でよく馴れます。上背部に黄色が入っている亜種の*L. g. flavopalliatus*は、「ルイチガイショウジョウ」と呼ばれることもあります。

　花蜜食の鳥は汚れやすいので、水浴びもさせ、清潔に保ちましょう。

　野生では生息数が減っており、原因は、森林破壊に加え、残念ながらペット取引のための捕獲であるとされます。

ジャコウインコ属 *Glossopiapsitta*
ジャコウインコ

Data

[学 名] *Glossopsitta concinna*
[標準英名] Musk Lorikeet
[全 長] 22cm
[体 重] 60〜90g
[原産地] オーストラリア南東部および
タスマニア

この種も近年分類が整理され、1属1種で、2亜種があるとされています。飼い鳥としてはあまりポピュラーではありませんが、小型で比較的おとなしく、他の花蜜食の鳥とは一線を画しています。「ジャコウ」のような香りがすることから命名されているそうで、ユニークな鳥であると言えましょう。

野生での生息状況は、CITES付属書IIにリストアップされているものの、絶滅の危機にはないようです。大群で移動する種なので、環境に順応する力も強そうです。

PHOTO ALBUM

コシジロインコ属 Pseudeos

コシジロインコ

Data

〖 学 名 〗	*Pseudeos fuscata*
〖標準英名〗	Dusky Lory
〖 全 長 〗	25cm
〖 体 重 〗	140〜190g
〖原産地〗	ニューギニア

コシジロインコ属にはコシジロインコ1種の
みが属します。大変ユニークな色合いの個
性的な鳥ですが、色合いは野生でオレンジ
型とイエロー型の2つのタイプがあり、さらに
色の出方などには個体差もあって、中間型
も存在します。ローによれば、飼育下では
1970年代から繁殖が始まり、現在、欧米
ではヒインコ科の中では飼育数の多い部類
に属します。

《イエロー型》

《オレンジ型》

イエロー型もオレンジ型も野
生で存在する色相で、品種
改良の結果ではありません。

Notes:

1. 学名および標準英名は *IOC WORLD BIRD LIST*（8.1）に準拠しました。
2. 標準和名は『世界鳥類和名・英名・学名対照辞典』に準拠しました。
3. 鳥の全長や体重は World Parrot Trust ウェブサイトの encyclopedia に記載されたものを参考にしました。ただし、ズアカウロコインコの体重は Low を参照しました。

PERFECT
PET
OWNER'S
GUIDES

Medium size Parrots

中型インコ
完全飼育

中型インコの
生理学

からだの仕組み

インコのからだの特徴と仕組みを知り、飼育や健康管理に役立てましょう。

鳥のからだの特徴

卵生で育雛する

鳥類は卵から産まれます。哺乳類が体内で受精卵を発生させて、大きく育った状態の仔を出産するのに対し、鳥類は受精後、卵を生むことによって、飛ぶための軽量化を図っています。

体温が高い

鳥類の体温は平均して約40～43度近くと、たいへん高温です。

この高い体温によって新陳代謝を促進させ、飛翔するという激しい運動に伴うエネルギーを得ています。

クチバシ、翼、羽毛がある

鳥類は歯や顎はないかわりにクチバシがあります。翼や羽毛も他の動物にはない鳥類特有のものです。

視覚

インコの仲間は昼間、明るい太陽の下で活動するため、視覚が発達しています。そのため哺乳類には類をみない、色彩豊かな羽色を有しています。

視力は、人の3～4倍ともいわれ、焦点を合わせるスピードも人より速いようです。

色覚

人が見ているフルカラーの領域の色に留まらず、紫外線も認識しています。

ふたつの瞼

上瞼と下瞼のほか、その内側に瞬膜というゴーグルの役割を果たす膜があります。下から閉じる瞼は天敵にいち早く気づくためのもので、瞼を閉じていても光を感じることができます。

広い視野

インコは片目ではおよそ180度、両目ではおよそ330度の視野を有しています。

そのうえ、さらに首を180度曲げることができるため、ほんの少し顔を動かすだけで、すべてが見渡せてしまうほどの広い視野を持っています。

発達した舌

種子の皮を剥くために、インコはたいへん厚く筋肉質な舌を有しています。この舌の厚みと構造は人の舌に良く似ていて、上手にモノマネができる理由のひとつと考えられています。

味覚

鳥類は味を感じる味蕾は口蓋（口腔と鼻腔を分ける壁）や喉に近い部分に多くあります。他の動物に比べると、インコの味蕾の数は少なめで、あまり発達していません。

耳

目の斜め下辺りに耳孔が開いています。顔を傾けて音のするほうに耳を向けます。

聴　覚

聞こえる周波数の範囲は人が20Ｈｚ〜20ＫＨｚまでの音を聞くことができる一方、鳥は100Ｈｚ〜10ＫＨｚと狭めです。

人より音の速い変化や、遠くの小さな音を聞くことができます。

ろう膜

鼻孔の開いている柔らかい膜のことで、感覚器官としての役割があります。

嗅　覚

インコの仲間はカラスやフィンチ類と同様、豊かな知性と優れた視覚を有していますが、嗅覚はあまり発達していないと考えられています。

趾 は対趾足

趾の配置は前に2本、後ろに2本の対趾足です。趾は移動の手段だけでなく、巣材や食物の運搬、敵への攻撃、羽繕いなどに使います。また中型インコは趾を器用に使いこなし、物を上手に掴むこともできます。

爪

一生伸び続けます。爪には神経も血管も通っています。爪が伸びすぎると血管や神経も共に伸びてしまうので、長くなりすぎる前に必要に応じてカットします。

尾脂腺

尾羽の付け根あたりにある分泌腺のことで、ここで分泌する皮脂を全身に塗り、羽根の防水性を高めています。

嗉囊（そのう）

嗉囊は食物を一時的に蓄えておく気管で、食道が発達したものです。嗉囊自体には食物を消化する役割はありません。

2つの胃袋

食物は鳥の消化管の一部である嗉囊から、二つの胃を経て消化されます。

一つめの胃は腺胃や前胃と呼ばれる胃です。嗉囊から流れてきた食物を消化腺から出る消化液によって消化します。

二つめの胃は後胃や砂囊、筋胃と呼ばれる胃で、たいへん筋肉質な胃袋です。砂や小砂利などのグリッドを用いて食物をすりつぶし、消化を助けます。

気囊（きのう）

鳥類は胸部と腹部を分け、肺を収縮させる横隔膜がないかわりに、9つの薄い袋状の気囊を収縮させ、効率的にガスを交換しています。気囊によって肺の中を空気は一方通行に流れるため、息を吸う時も吐く時も、肺に酸素を取り入れることができます。鳥類が大気から血管に取り込む酸素量は哺乳類の2.6倍ともいわれ、空気の薄い上空でも飛翔が可能になっています。さらに気囊は浮力を得るための役割や、体内に生じた過剰な熱を呼気を介して体外へ排出する働きも担っています。

総排泄腔

鳥類の総合的な体腔で、直腸・排尿口・生殖口を兼ねる器官となっています。

体長と翼開長（よくかいちょう）

体長とはクチバシの先から尾羽の先までの長さのことであり、翼開長は羽を広げた時の羽の端から端までの長さのことをさします。

適正体重はそれぞれ

同じ鳥種でも、からだや骨格の大きさに個体差があるため、適性体重にも個体差があります。

一般的にオスに比べるとメスのほうが体重はやや重めな傾向があります。

長寿命

種類にもよりますが、中型インコの平均寿命はおよそ20年以上。30年以上生きたインコもたくさんいます。

【各部名称】

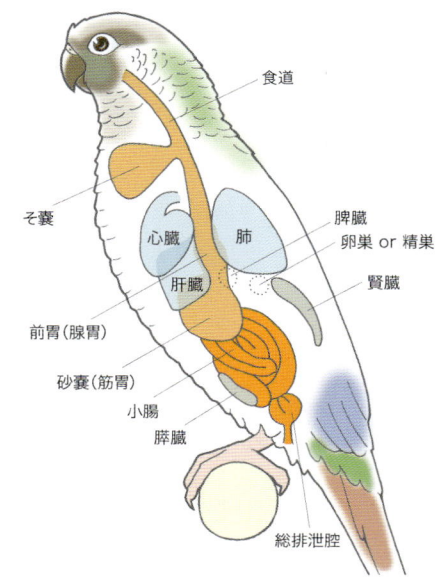

食道　脾臓　卵巣 or 精巣　腎臓　そ囊　心臓　肺　肝臓　前胃（腺胃）　砂囊（筋胃）　小腸　膵臓　総排泄腔

からだの軽量化

　鳥類はからだのさまざまな部分が進化によって軽量化されています。

手の役割も果たすクチバシ

　鳥のクチバシ（嘴）は、人の手のような役割を果たしています。クチバシはケラチン質で覆われていて、血管も通っており、ぬくもりがあります。神経も通っているため、クチバシにケガをすれば鳥は痛みも感じます。

　止まり木などにこすりつけてよく整えた上嘴の先端をじょうずに使い、果物の皮を剥いたり、種子の殻を割ったりして中身を食べます。営巣用の樹洞を広げる際にもクチバシは活躍します。樹木に登る際にはクチバシでからだを支えるようにして登ります。

鳥肌は立たない

　鳥類には汗腺がほとんどなく、発汗もしません。体内にこもった熱を下げる時には気嚢から熱を放散し、開口呼吸を行います。

羽毛について

　からだの表面を覆っている正羽（体羽）は空気抵抗をなくし、流線形の体型を維持し、防水や飛行に役立ちます。正羽の内側にある綿羽は、体温維持に重要な羽で、断熱して体温の高いからだを保ちます。

羽毛の主な役割は断熱

　鳥の全身を覆う羽毛は鳥類特有のもので、爬虫類の鱗やヒトの髪の毛や爪と同じように、ケラチンと呼ばれるたんぱく質からできています。

　鳥類は重なり合うように生えた羽毛によって身体を保護し、羽毛の間に自分の体温で温めた空気を溜めこむようにして、高い体温を保持しています。

　哺乳類以上に多様な環境に鳥類が広く生息しているのは、この断熱効果の高い羽毛を有しているからと考えられています。

羽毛の種類

● **正羽（体羽）**：羽軸があるいわゆる羽根のこと。羽軸を中心に羽枝が生え、それらが連結して一枚の羽を構成している。からだの表面に形成される空気の層を覆う役目を担っている。

● **綿羽**：明確な羽軸はなく、羽枝がつけ根からたんぽぽの綿毛のように広がっている。正羽の内側に生え、正羽と皮膚の間に位置し、空気の溜まる空間を作り、体温維持に役立てている。

- **半綿羽：** ブラシ状の羽で、正羽と綿羽の間のような役割をする。
- **糸状羽：** 羽軸の先端のみに羽枝があり、風の動きを感知する。
- **粉綿羽：** 崩れて羽毛に防水効果を与えると考えられている。

飛行のための羽毛　翼

翼は鳥が飛ぶために発達した器官のひとつですが、飛翔のためだけでなく、繁殖期のディスプレイ（求愛行動）や縄張りの主張、外敵への威嚇等にも用いられます。

翼を構成する羽毛は、すべて正羽（体羽）であり、部位や機能によって「風切羽」、「雨覆」、「小翼羽」の3種類に分かれます。

「風切羽」のうち、翼の外側に位置する「初列風切」は、飛行の際に前に進む力を生み出し、内側の「次列風切」は、空中に浮かぶ力を生み出します。

翼の上部の「雨覆」は、風切羽の基部を覆い、前方からの空気の流れをなめらかにしています。

方向転換に重要な羽　尾羽

尾羽は、飛翔中の舵取りやブレーキの役割を果たすほか、繁殖期のディスプレイに用いられます。その他、尾羽の付け根を覆って空気抵抗を減らしている羽として「上尾筒」、「下尾筒」があります。

換羽

古い羽が抜け落ち、新たな羽が生えることを換羽といいます。トヤとも呼ばれます。

衣替えのように通常は一年に一度、飼鳥は緩やかに年に2〜3回、繁殖期の後に羽が入れ替わります。換羽の時期は体調を崩しやすいため、いつもよりたくさんの栄養を与える必要があります。

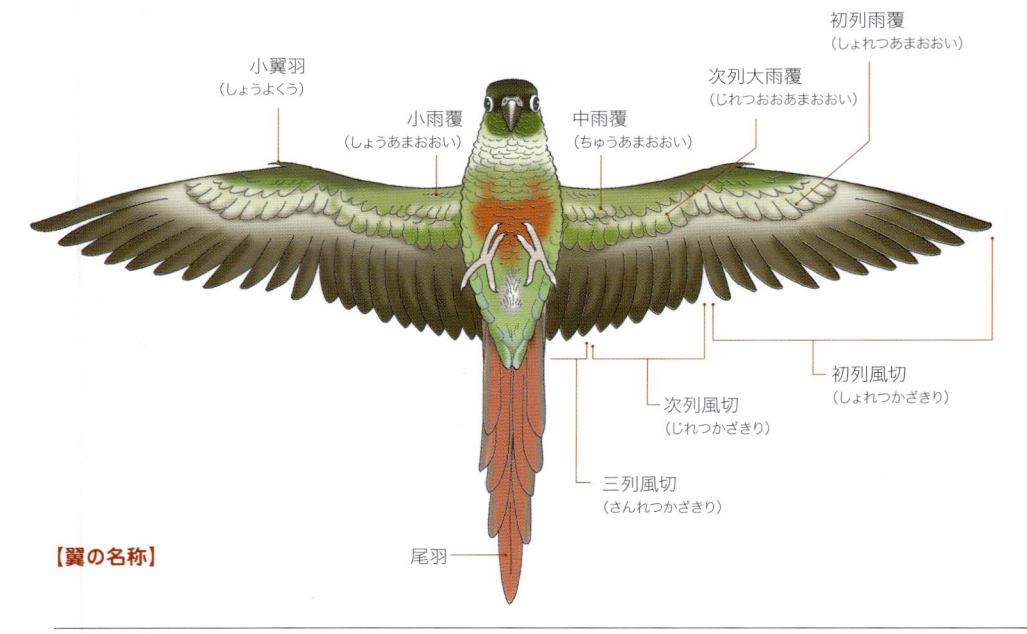

小翼羽（しょうよくう）
小雨覆（しょうあまおおい）
中雨覆（ちゅうあまおおい）
初列雨覆（しょれつあまおおい）
次列大雨覆（じれつおおあまおおい）
初列風切（しょれつかざきり）
次列風切（じれつかざきり）
三列風切（さんれつかざきり）
尾羽

【翼の名称】

骨のつくり

　鳥類は骨も特徴的です。人は体重の約20%の重さの骨を持ちますが、鳥類の骨は全体重の5%ほどしかありません。頭部の骨の数も少ないうえ、インコの骨の内部は中空になっていて、そこに筋交いのような支柱が複雑に交差し、密度の低い骨の強度を保っています。同じ鳥類でもペンギンやダチョウなど飛翔能力を持たない鳥には、この骨の中空構造は見られません。

　また、鳥には顎や歯がないかわりに、軽量なクチバシを有しています。

　哺乳類の頸椎が一部の例外を除き7個である一方、オウム目の頸椎は11〜13個あります。そのため首はよりしなやかに動き、頭を後ろの方に向けて背中や尾の手入れをすることができるようになっています。

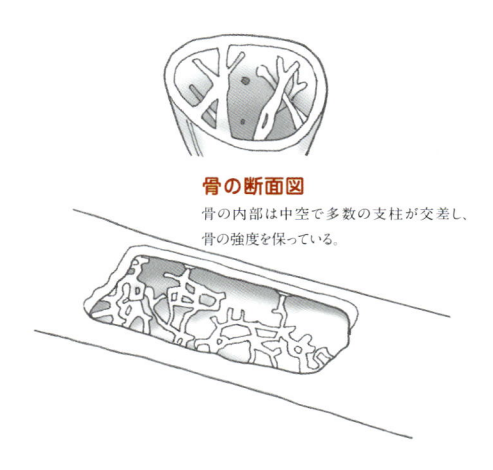

骨の断面図
骨の内部は中空で多数の支柱が交差し、骨の強度を保っている。

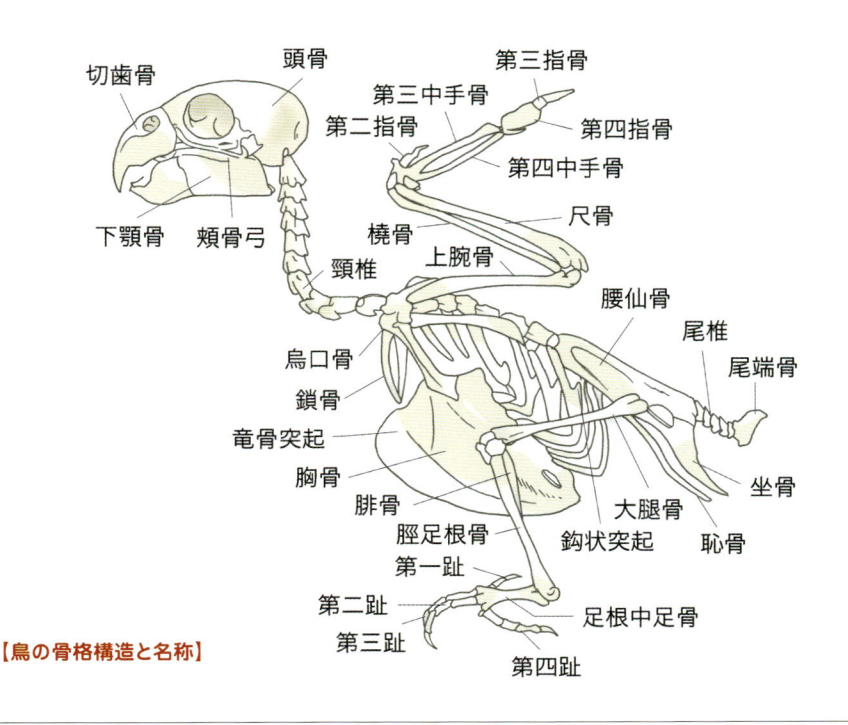

【鳥の骨格構造と名称】

切歯骨　頭骨　第三指骨　第三中手骨　第二指骨　第四指骨　第四中手骨　尺骨　下顎骨　頬骨弓　橈骨　上腕骨　頸椎　烏口骨　腰仙骨　尾椎　尾端骨　鎖骨　竜骨突起　胸骨　坐骨　腓骨　大腿骨　恥骨　脛足根骨　鈎状突起　第一趾　第二趾　足根中足骨　第三趾　第四趾

PERFECT PET OWNER'S GUIDES

COLUMN

個性豊かな中型インコの仲間たち

中型インコにはたくさんの種類があり、その個性もさまざまです。

性質や馴れかたについては個体差が大きく、一概に言えるものではありませんが、飼育の目安として特性をまとめてみました。

アケボノインコの仲間

アケボノインコの仲間（アケボノインコ、スミレインコ、ドウバネインコ、メキシコシロガシラインコ等）は、落ち着いた性質の穏やかな鳥たちです。

社交的でコミュニケーションには積極的ですが、ベタベタと触れられることはあまり好みません。

急な温度変化が苦手なので、一年を通じて温・湿度管理を行いましょう。

アケボノインコとニョオウインコ

オキナインコ

言葉や芸をよく覚えます。活動的な鳥なので、広めのケージを用意しましょう。縄張り意識が高めで特定の場所や人にこだわり、噛み癖がつきやすい傾向があります。

寿命はおよそ30年と長めです。

オキナインコ

ズグロシロハラインコ・シロハラインコ

遊び好きで賢くユニークな動きの楽しい鳥たちです。大きめの声で鳴きます。特定の人になつき、意思が強い性格であることが多いため、しつけが必要です。活動的なので広めのケージと長めの放鳥タイム、かじっても良いおもちゃを用意しましょう。

ズグロシロハラインコ（幼鳥）

COLUMN

ウロコメキシコインコの仲間

　ウロコメキシコインコの仲間（ウロコメキシコインコ、アオシンジュウロコインコ、アカハラウロコインコ、ホオミドリウロコインコ、ワキコガネウロコインコ、アカビタイウロコインコ、ズアカウロコインコ、アカオウロコインコ、イワウロコインコ等）は小柄でよく馴れ飼いやすさがあります。

　色変わり種も多く人気があります。社交的でダイナミックな遊びを好んで行います。鳴き声も小柄な分、やや控えめです。噛み癖と大胆な行動からの踏みつけ事故等には充分気を付けましょう。

ワキコガネウロコインコ

クサビオインコ属の仲間

　クサビオインコ属の仲間（コガネメキシコ、ゴシキメキシコ、ナナイロメキシコ、チャノドインコ、シモフリインコ、クロガミインコ 等）は、カラフルで陽気、賢くスキンシップをとることを好み、よく馴れる鳥です。

　耳障りなほど大きな声で呼び鳴きを続けることがあります。孤独を嫌い、常に仲間といたいという気持ちが強い鳥たちともいえます。

クロガミインコ

ホンセイインコの仲間

　ホンセイインコの仲間（ワケホンセイインコ、コセイインコ等）はベタベタしたスキンシップは好みませんが、モノマネや芸をよく覚えます。けたたましい鳴き声を有します。

ワカケホンセイインコ

ヒラオインコ属の仲間

ヒラオインコ属の仲間（ナナクサインコ、ズグロサメクサインコ、ココノエインコ、キセナナクサインコ等）は、活発でカラフルな羽色と優しい鳴き声が特徴的な鳥たちです。集合住宅での飼育も可能な種といえるでしょう。適度な距離感を保つことができる良いコンパニオンになります。美しい容姿と美声を楽しむ鳥として広めのケージでゆったりと飼育しましょう。

ナナクサインコ

ミカヅキインコの仲間

ミカヅキインコの仲間（ミカヅキインコ、テンニョインコ等）は、からだは大きめですが、他の中型インコに比べて騒々しさがなく落ち着いた鳥たちといえます。

べたべたとしたスキンシップはあまり好みません。長い尾羽が折れてしまうことがないよう、高さのあるケージで穏やかに飼育しましょう。

テンニョインコ

ハゴロモインコの仲間

ハゴロモインコの仲間（ハゴロモインコ、ハゴロモインコモドキ）は、賢く芸も覚える鳥たちです。過度なスキンシップはあまり好みません。臆病なところがあるので落ち着いた環境で飼育しましょう。

ハゴロモインコ

ビセイインコの仲間

澄んだよく通る美しい鳴き声を持つ飼いやすい鳥です。

性質はおとなしく、集団性に優れ、同じケージでの複数飼育も可能です。よく馴れますが臆病な一面があります。

ビセイインコ

マキエゴシキインコの仲間

コダイマキエインコなどマキエゴシキインコの仲間は、賢く活発で愛嬌のある鳥たちです。性質には個体差がかなりあるようです。アクティブに活動することを好む鳥

COLUMN

なので、広いケージで飼育し、運動の機会を与えましょう。

コダイマキエインコ

ハネナガインコの仲間

ハネナガインコの仲間（ズアカハネナガインコ、アカハラハネナガインコ、クロクモインコ、ネズミガシラハネナガインコ、ムラクモインコ等）は、馴れやすく感情表現が豊かでユニークな鳥たちです。

モノマネや芸を覚えるのも得意な傾向があります。噛み癖やかじり癖がつきやすく、特定の人との関わりにこだわることがあります。

ズアカハネナガインコ

セイガイインコ属の仲間

セイガイインコ属の仲間（ゴシキセイガイインコ、コセイガイインコ、ズグロゴシキインコ、キムネゴシキインコ等）は、カラフルでユニークな動きの楽しい鳥たちです。専用のフードで飼育します。排泄物は水っぽくケージの外に飛ばすことがあります。

ヒインコ、オビロインコ属の仲間

ヒインコ、オビロインコ属の仲間（ヒインコ、アオスジヒインコ、コムラサキインコ、オトメズグロインコ、ショウジョウインコ等）は、遊び好きでよく馴れ、アクロバットな動きが楽しい鳥たちです。

専用の人工飼料に加え、出来るだけ多くフルーツや野菜を与えましょう。

セイガイインコ属同様、水っぽいフンをケージの外に飛ばすことがあります。

ヒインコ（左）とフトムネゴシキセイガイインコ（右）

**PERFECT
PET
OWNER'S
GUIDES**

Medium sized Parrots
中型インコ
完全飼育

中型インコの飼育

飼育管理

愛鳥がコンパニオンバードとして健やかな毎日を送れるよう、清潔な飼育環境と規則正しい生活リズムを大切にしましょう。

規則正しい生活リズムを

室内で暮らす鳥たちだからこそ、規則正しい生活習慣がとても大切です。

生活習慣が乱れがちになると、インコも生活習慣病を発症してしまうからです。

できるだけ鳥らしく、早寝・早起きができる生活環境を整えてあげたいものです。ただ、そうは言っても、飼育者のライフスタイルによっては放鳥の時間が夜しかとれないという場合もあると思います。飼育下にあるインコたちは、飼い主が不在の時間に午睡する時間もあります。無理のない範囲で愛鳥の早寝・早起きを心掛けましょう。

ケージを置く場所

インコ用のケージはうるさ過ぎず、静かす過ぎずの場所に置くのがベストです。

外気の影響、テレビやオーディオの騒音、振動、光、匂いなどの刺激が少ない場所を探しましょう。それでいて愛鳥が家族の気配をいつも感じていられるような空間をケージの定位置にします。

窓際は外気からの影響を受けやすいものです。常時ケージを置く場所には朝晩の温度差が少ないところを選んでください。

ケージをリビングに置くと、その周辺に音源や照明があり、家族が遅くまで起きていて愛鳥の就寝にふさわしい環境が作れないこともあるでしょう。そんな時は愛鳥のケージの場所を夜間だけ静かな場所に移すか、あらかじめ寝室などに小ぶりの就寝用ケージを用意します。

また、インコの縄張り意識がむやみに高まるようなことがあるなら、定期的にケージの位置を変えましょう。

ケージを置く際の注意点

インコは基本的に高い枝の上に止まって過ごすことが多いので、床にケージを直置きにするのはよくありません。
人の目線が届きやすく、世話がしやすい高さにケージを置くことが理想的です。

収納家具やチェストの上などにケージを置く場合は、安定感があるかを確認し、引き出しや戸棚の中に防虫剤やシンナーなどの揮発性の薬品などが入っていないかチェックしましょう。

毎日の世話

エサと水の交換

エサ入れ・水入れを毎朝よく洗浄してからエサと水を交換します。エサや水が汚れたらこまめに中身を取り替えましょう。

適切な食餌量は体重の10%程度

鳥の体重に対しておよそ10%のエサが一日に必要といわれています。これに加え、食べこぼしや殻の重さ分を加えた量が、鳥一羽につき一日に与えるエサの量になります。

エサ入れには毎日、体重に対しておよそ20%〜30%のエサを入れておくと安心です。

鳥にダイエットが必要な場合は、ケージの中にエサを入れっぱなしにせず、適量を一日数回に分けて与えます。

コンパニオンバードにとって食餌は最大の楽しみのひとつです。無理な減量を鳥に強いる前におやつを控えめにし、積極的に放鳥し、からだを動かす機会を与えましょう。

敷紙の交換

ケージの底に新聞紙やキッチンペーパーなどを敷いて毎日、交換します。ゴミや排泄物の飛散が気になる場合は、藁を敷いておくと、それらの飛散の防止になります。

空気の入れ替え・日光浴

直射日光は避けて、ケージごと鳥を窓辺に置いて窓を開け、毎日30分くらい日光浴をさせましょう。

市販の小動物用フルスペクトラムライトによる紫外線浴でもビタミンD3を効率よく体内で生成させることができます。

排泄物のチェック

フンの量や色、状態も健康管理の目安になります。

極端に排泄物の量や質、色などが変わっていないかを見ておくと、体調の異変にいち早く気づくことができます。

体重測定

エサをきちんと食べているかをチェックします。エサを食べた量を計測する方法と、鳥の体重を測る方法があります。できれば毎日、最低でも週に一回は計測しましょう。

定期的な世話

週末など時間がとれる時に定期的に行う世話には以下のようなものがあります。

放鳥

できれば毎日、放鳥することが理想ですが、週に何回かは部屋の中で愛鳥を自由に遊ばせましょう。ケージの外に出ることは気分のリフレッシュになるだけでなく、過度な縄張り意識や肥満の予防にもなります。

飼育用品の点検

ケージに設置した飼育用品やおもちゃに壊れた部分などがないか確認し、気になる点があれば取り換えるか修理を行います。

自然木の止まり木の場合、樹皮を鳥が齧ることがあります。クチバシのグルーミングや暇つぶしにもなるので、樹皮が剥がれ落ちたら、止まり木を新しいものに交換しましょう。

ケージの掃除

ケージを分解し、エサ入れや止まり木も含め、熱湯で消毒します。

その後、水分をよく拭きとり、太陽光にあてて2時間ほど乾かすと紫外線による殺菌もできます。

希釈した漂白剤や赤ちゃん用品の消毒液(ミルトン等)で薬液消毒すると、より強力な

殺菌消毒が可能です。消毒後は匂いがなくなるまで流水でよく洗い流します。塩素系の薬液は腐食作用があるため、金属製の部品には使えません。ケージを置いている場所は汚れがたまりやすいので、日ごろから拭き掃除を心掛けましょう。

こまめな清掃はインコの繊細な器官を守るだけでなく、鳥と暮らす人をアレルギーや喘息から守ります。

水浴び

水浴びによって鳥はからだについた汚れや寄生虫などを落とし、脂粉の量を調整しています。早い時期から愛鳥を水浴びに誘い、水浴び好きなインコに育てましょう。

特に熱帯雨林気候が原産のインコは水浴びをよくします。

水浴びは霧吹きやたらいなどを用います。羽の防水性が保てなくなってしまうので、水浴びは必ず常温水で行いましょう。

青菜やフルーツを与える

旬の野菜をこまめに与えて羽の艶を美しく保ちましょう。フルーツを与えるとインコはとても喜びますが、肥満の原因になりがちなので、与えすぎないようにしましょう。

季節ごとの健康管理

コンパニオンバードにとって快適な飼育環境とはどんなものでしょうか。それぞれの季節に応じた健康管理を行いましょう。

ライフステージによって必要な環境も変化する

羽が揃っていないようなヒナのうちは保温が欠かせませんが、健康に申し分のない成鳥はあまり過保護にすべきではありません。はじめの一年と病気時や巣引き時、老齢期には、細やかな温度管理を行いましょう。

変化に対応できる鳥に育てる

気温や日照時間の移りかわりを、ケージの中で暮らす鳥たちも敏感に感じているものです。

もし一年じゅう、温度も湿度も日照時間も変化のない部屋の中で自分自身が過ごすことになったらどうでしょうか。変化のない日常は、健康なインコたちにとっても退屈なものでしかないはずです。

インコは寒いと感じれば羽毛を全体的にふんわりとさせ、趾を隠すようにして寒さから身を守ります。暑い時や高温多湿が不快な時には呼吸が荒くなり、翼を浮かせるようにして、体温の上昇を防ごうとします。

これらのボディ・サインが見られないときは、たとえマニュアル通りとはいえない温度や湿度であったとしても、鳥が環境に適応していると考えましょう。

鳥も過保護に育ててしまうと、環境の変化に対する適応力が失われます。愛鳥の体調やライフステージによって必要な温度や湿度は常に変化することを念頭に置きつつ、彼らにとって快適な環境はどのようなものかをその時々で考えていきましょう。

春（3月〜5月）

気候が温暖でもっとも過ごしやすい季節です。ペットショップの店先にも新顔のインコたちが並びはじめます。あらたに鳥を迎えるなら春がベストシーズンと言えます。

寒暖差に注意

日中は暖かくても、朝晩は急に冷え込むことがあります。急激な温度変化にインコも体調を崩してしまうことがあるので、春の間はいつでも保温できるようにしておきましょう。

春を楽しむ

　午前中など日差しが暖かく風が少ない日には、キャリーケースに入れて愛鳥を自然の中に連れ出してみるのもよいでしょう。新鮮な空気や野鳥のさえずりに触れて、良いリフレッシュになるはずです。健康診断もこの時期がおすすめです。

　蒸し暑い夏のあいだはエアコンを上手に使いこなしましょう。

　健康に申し分のないインコであれば、室温が32〜33℃程度までは冷房は不要ですが、それ以上になると熱中症に陥る恐れがあります。

湿度も確認

　飼育環境の湿度は40〜60%が適切です。60%を超えると、カビをはじめ、ばい菌が増殖しはじめます。除湿機やエアコンのドライ機能を用いて湿度を調整しましょう。

冷やしすぎに注意

　インコにとっては冷房で涼しくなっている部屋よりは、人が軽く汗ばむ程度の暑さのほうが快適のようです。体温の低下を防ぐため、エアコンや扇風機の風を鳥に直接当てないように配慮しましょう。

　もし、部屋が冷房で冷えすぎているようなら、ペット用ヒーターなどでケージの中を冷やしすぎないようにします。

　愛鳥が羽を全体的にふくらませるようにしているようであれば、部屋が寒く冷やしすぎということです。

エサは冷蔵庫で保管

　夏はエサや青菜が傷みやすいものです。ペレットは湿気りやすくなり、シードの場合は虫が湧いてしまうこともあります。そうなってしまったら、全て廃棄し新しいものに交換します。エサは開封したらよく乾いた清潔な容器に移し乾燥剤と共に密閉し、冷蔵庫で

保管しましょう。酷暑のあいだは水は朝・夕の2回、交換をしてください。

窓の開閉に注意

　窓を開ける際には必ず網戸を基本とし、さらにカーテンをひくことを習慣にしましょう。また、夏のあいだの日光浴はレースのカーテン越しなどで短時間のうちに行い、熱中症には要注意です。

夏の繁殖は控える

　梅雨から夏にかけては、巣箱の中の温・湿度もたいへん高くなりがちで、抱卵や育雛にあたる親鳥の負担が大きくなってしまいます。つがいで飼育している場合、ケージの中から巣箱は外しておきます。

秋（9月〜11月）

　日中は暖かいですが、だんだんと寒くなってきます。

　早めの防寒対策で飼育環境の急激な温度差を防ぎましょう。

秋の味覚を楽しむ

　ニンジンやコマツナ、チンゲンサイは秋が旬の野菜です。特にニンジンは生のまま与えるより、茹でて冷ましてから与えると消化しやすく効率的に栄養も吸収できます。茹でた野菜は腐敗しやすいため、食べ残しはすみやかに取り除きましょう。

　秋は野菜だけでなく、フルーツや木の実も美味しい季節です。とはいえ、これらの与えすぎは肥満や下痢、また、時には毛引きの原因にもなるため、日々の体重の変化やフンの状態を見て、愛鳥に与える量を調整します。

防寒対策は必須

　日本の秋は長雨もあり、湿度が高く底冷えする寒さが続くことがあります。

　ほとんどのインコが暖かい地域の原産であることから考えても、インコたちは寒さが苦手であると考えるべきでしょう。ケージに透明ビニールシートを巻く、アクリルケースにケージを入れる、ペットヒーターを設置するといった防寒対策を冬が来る前に早めに行いたいものです。

日本の冬は降水量が少なく、寒気に覆われ、寒い日がとても長く続く傾向があります。冬は人と同じように、インコも体調を崩しやすく、また、体調をいちど崩してしまうと、回復するまで時間がかかるものです。

冬の季節は年末年始を挟むため、特別な予定も増える時期です。飼い主の生活がイベントなどで乱れてしまうと、愛鳥の生活リズムも乱れてしまいがちです。

冬の間はしっかりとした室温管理を行い、寒さから愛鳥を守りましょう。

特に、体力のないヒナや老鳥にとっては、日本の冬の寒さは命にもかかわるものです。愛鳥の健康を維持し、病気を未然に防ぐためにも、万全な防寒対策を行い、寒い冬を乗り切りましょう。

冬の過ごし方

ケージ内の温度は20℃以上が理想的ですが、健康な鳥の場合、羽を膨らませたり、寒がったりするそぶりがないようであれば、保温は必要ありません。

同様にもし室温が20℃以上あっても愛鳥が膨らんでいるようであれば、すみやかに保温を行うべきといえるでしょう。

寒暖差にも留意が必要です。戸外の禽舎など保温が難しい場所で飼育する場合、鳥が寒さから身を守り、高い体温を維持するために、エサを絶対に切らさないようにします。寒さに打ち勝つために、基礎代謝量がぐんと高まり、エサの消費量も倍増しますので、脂肪分とたんぱく質を多めに含んだエサをたっぷり与えましょう。

暖房対策

真冬ともなると、暖房を入れても思うように環境温度が上がらないものです。空気の流れは、寒い空気は下に、暖かい空気は上に上がります。インコにとって少しでも暖かい環境を確保しましょう。外気に影響を受けやすい壁や窓のそばは避け、カーペットを敷くなどして、ケージの底冷え対策も必要です。

また、暖房を入れた部屋は乾燥しがちですので、加湿器等を用いて、40〜60%程度の湿度を保つようにすると、鳥だけでなく人も風邪の予防にもなります。

移動・外泊・留守番

インコを安心して預けられるサービスは思いのほか少ないものです。いざという時に備え、日ごろから万全の準備をしておきましょう。

移動・外泊

移動は専用キャリーケースが基本

ふだんから羽をカットしている鳥は、出かける数日前までにクリッピングも済ませておきましょう。宿泊を伴う移動の場合、可能であれば、いつも使用しているケージをキャリーケースとは別に持参すると、愛鳥が旅先でも日常に近い環境の中で過ごすことができます。

大きないつもの飼育用ケージの中では安定感がなく、鳥がかえって不安がることがあるので、移動はキャリーケースが基本です。アクリル製のものは密閉性が高く、中が高温になりやすいため、通気性の良いケージタイプのキャリーケースと使い分けましょう。

キャリーケース

移動中は外の様子が克明に見えてしまうと、視覚的な刺激を受けて興奮し、鳥も疲れてしまいます。キャリーケースの上から軽くカバーを被せておきましょう。

この際、ビニール素材や厚すぎる布をかぶせてしまうと、中の様子が伝わってこない上、窒息の危険もあるため、通気性の良い薄手の布をカバーに用います。黒っぽい布は赤外線を吸収し熱を持つため、中の鳥が熱中症に陥る危険があります。光を反射する白色に近い布を用いましょう。

キャリーケースを置く場所

移動中はキャリーケースを直射日光の当たらないところに固定し、一時間に一度は、休憩を挟んで異変はないか、キャリーケースの中の様子をチェックしてください。

車で移動する場合、エアコンの吹き出し口、電車の場合、網棚の上や足元のヒーターなどの位置にはキャリーケースを置かないようにしましょう。

日本の気温は地上から1.5mの高さが基準となっています。地表近くはこの温度に加え、3℃ほど高温になると言われています。炎天下のアスファルトにいたっては、50～60℃になることもあります。特に夏場、鳥を入れたキャリーケースを持ち歩く際には気象予報プラス3℃を意識し、高さのないベンチや、舗装された道路に鳥の入ったキャリーケースを置くことは絶対に避けましょう。

車内に放置は絶対にNG

鳥を車の中に放置することはたいへん危険です。たとえ夏場ではなくても、直射日光が当たるとほんの数分のうちに車内が40〜50℃と高温になります。

ほんのわずかな間でも車内に置き去りにされ、熱中症になったペットの死亡例は後を絶ちません。たとえ日の当たらない場所に車を駐車したつもりでも、僅かな陽の傾きが死を招きます。鳥は車内に置き去りにせず、キャリーケースに入れて一緒に移動しましょう。

移動中の食餌

移動中のエサは、エサ箱から振動などで床にこぼれてしまいがちなので、いつもの主食に加え粟穂をキャリーケースの中に入れておくと安心です。

水分補給には新鮮な青菜を茎ごと一枚、入れておきます。

振動等でケース内に水がこぼれ、愛鳥のからだにかかってしまうと、鳥の大切な体温を奪ってしまうためです。

水筒に常温の水を用意しておき、休憩のたびに水を与えてもよいのですが、慣れない場所でキャリーケースを開けることは、思わぬ事故の危険を伴います。安全をきちんと確保してから開閉を行いましょう。

出先で水を買い足す場合は、自販機の商品は冷えすぎているので、常温水を水道で汲むか、コンビニエンスストアやスーパーマーケット等で入手します。

外国製のミネラルウォーターの中には硬度が高すぎるものもあるため、国産の水を選びましょう。

保冷剤を利用する場合

暑い時期の移動には、熱中症対策としてキャリーケースの外側に保冷剤を置いて冷やします。凍らせたペットボトルでも代用できます。

保冷剤はケージの外側にしっかり固定し、愛鳥が寒いと感じれば避けることができるようなレイアウトにします。

携帯カイロを利用する場合

　寒い時期の移動には、充電式のカイロか使い捨てカイロを用いてキャリーケースの外側に貼ります（低温火傷防止のため）。使い捨てのカイロは周囲の酸素を用いて発熱します。ケース内の酸欠には充分、注意しましょう。

エサはいつもの倍以上の量を持参

　持ち運ぶエサは多めに用意しておきます。知らない場所にいるだけでも鳥は緊張しているのに、さらにエサまで見たこともないものとなると、警戒して食べなくなってしまうことがあるからです。特にペレットは専門店以外では入手しづらいですから、多めに携帯しておくと、万が一の時にも安心です。

留守番

　愛鳥を自宅に残して外泊する場合、多めのエサと水分、暑すぎず寒すぎない飼育環境を用意できるかがカギになります。それに加え、ケージに設置できるエサや水の量にも限りがあり、衛生状態も心配ですので、2泊以上の場合は、インコは預けるか一緒に連れていくほうが無難です。

ペットホテル・シッターサービスを利用

　安心して預けられる先は、インコの取り扱いがあるペットショップや鳥を専門に診る動物病院など、一部の施設に限られます。

　知人に預ける場合やバードシッター制度などの互助組織に預かりを依頼する場合、愛鳥による咬傷事故や器物破損、あるいは預け先の過失による逸走やケガなどの事故があった場合など、万が一のことまで事前によく話し合ったうえでお願いしたいものです。

家で留守番

家族の不在が一泊だけなら、インコを家で留守番させるのもよいでしょう。

外出を楽しみにしているような鳥であれば同行させても楽しいと思いますが、狭いキャリーケースでの移動によるストレスを考えると、無理に連れていくこともないかもしれません。

最近の機種であれば、留守のあいだエアコンによる空調管理を行っても、さほど大きな出費にはならないはずです。

エサ箱や水入れをひっくり返してしまうリスクや、万が一、帰宅が遅れてしまったときのことまで考え、水やエサは普段、与えている数倍の量を何か所かに分けて、ケージにしっかりと固定しておきましょう。

ケージの底網に落ちづらい粟穂や大きめにカットした野菜も予備のエサとしてケージに入れておくと安心です。

直射日光を避け、外の明かりが入ってくる場所にケージを置いて出かけましょう。

余計なものは
ケージから取り除いておく

インコも退屈だろうからと、新しいおもちゃや多めのおもちゃを入れてしまいがちですが、慣れてないおもちゃやケージ内レイアウトは、留守中、思わぬ事故の原因になります。飼い主が不在中のあらゆるリスクを想定し、むしろケージの中はいつも以上にすっきりさせておきましょう。

ペット用のネットワークカメラを利用

工事不要でペットの様子を携帯端末から見守ることができるカメラもあります。旅先からインコの様子を確認できるだけでなく、声を届けることができるものもあります。

外からスマホで愛鳥の様子を確認できる

当日は早めに帰宅

インコを留守番させる際のケージは、家の中で昼夜の室温の変化が少ない場所を選び、地震など万が一のことまで考え、安定感のある低めの場所に置きます。

帰路は電車遅延や交通渋滞など、不測の事態に備えて、早めの出発、早めの帰宅を心がけましょう。

COLUMN 部屋に潜む キケンの数々

安全に部屋の中で放鳥できるよう、インコにとって危険な箇所はないか、バードビューで点検してみましょう。

【調理器具】
　テフロン加工やフッ素加工のフライパンやホットプレート、オーブンレンジは、加熱時に有毒なガスを発生します。
　人の場合、350℃以上にならないと害はないと考えられていますが、200℃を超えた際に出たガスでのインコの死亡例があります。これらの調理器具を使うときは窓を開け放ち、換気扇も回し、短時間で調理を行います。これらの表面に傷がついたら破棄し、空焚きは絶対にやめましょう。

【踏みつけ事故】
　インコはソファーやクッションの下、めくれた絨毯、新聞紙や雑誌、脱ぎ散らかした洋服の下などに潜んでいることがあります。

【糸や紐、ゴム類】
　いちど巻きついたものは容易にほどくことはできず、取り返しのつかない大事故に発展することも。インコはコンセントやコード類も噛みたがりますが、万が一、齧って感電でもしたらたいへん危険です。

【薬品類】
　インコは種子のようなものには目がありません。ピルケースや薬のシートから薬を取り出し、齧ってしまうことがあります。観葉植物の土や肥料も中毒を起こす恐れがあります。

COLUMN

【揮発性のもの・煙が出るもの】
　虫よけスプレー、害虫駆除剤、蚊取り線香、お香、ペンキ、シンナーといったものもインコにとって時には命取りに。また、近隣の工事で使われた揮発性の塗料・薬品による死亡例もあります。ディフューザーを用いたアロマオイルによる死亡事故も報告されています。

【インコとって危険・有害なもの】
・ビニール袋・ヒーター・鏡・ガラス・浴槽・扇風機・ガスレンジ・洗剤・家具と壁の隙間・薬や化粧品・ショウノウ・クレヨン・マーカーペン・マッチ・灯油・接着剤・マニュキア液・香水・絵の具・タバコ・ゆるんだコンセント・鉢植えの土・駆虫剤・人の食べ物など

【インコにとって有毒な植物】
・アマリリス・アゼリア・スイートピー・ラッパ水仙・ポインセチア・アサガオ・カラー・アイリス・スズラン・ツゲ・ヒイラギ・ランタナ・キョウチクトウ・シャクナゲ・イチイ・フジ・桜の木、トマトの苗など

【細かいパーツ】
　ピアスやイヤリング、チャーム、キーホルダーなどは中毒を起こす鉛が使われていることがある上、パーツも細かく誤飲の恐れがあります。ネイルのメタルパーツなどにも毒性があります。

PERFECT
PET
OWNER'S
GUIDES

Medium sized Parrots
中型インコ
完全飼育

中型インコを
迎える

インコを迎える心構え

中型インコは、たいへん賢くて愛情深く、最高のパートナーになりますが、飼い始める前にいくつかの覚悟が必要です。

中型インコを迎えるにあたって考えておきたいこと

終生にわたり、責任を持って飼い続ける

どのインコも絶滅を危惧されている貴重な大自然の一部です。どんなことがあっても最後まで責任を持って飼い続けましょう。

インコが家族になるということ

中型インコを飼育するなら、一緒に住む家族の理解も欠かせません。

まず、インコが家族になったその日から、毎日、エサや水を替え、排泄物や抜け落ちた羽の掃除をし続ける日々がはじまります。世話ができない日には、ほかの人を頼らざるを得ません。それに彼らの鳴き声はとても大きく、時に耳障りなものでもあります。

インコも時には病気になりますから、健康診断も受けるべきですし、体調を崩したら動物病院にお金はかかりますが連れていくことになります。いきものが家族の一員になるということは、この先長い間、自分自身の生活に制約がかかることでもあります。

逃がさない

逃げたコンパニオンバードが日本の厳しい自然の中で生きぬくことは容易ではありません。外には車や猫、カラスなどの危険がいっぱい潜んでいます。

カゴから逃げた鳥が生き延びたとしても、外来種として日本固有の生物種を脅かす望まれない存在になってしまいます。日ごろから逸走事故には充分に気をつけましょう。

ライフスタイルの変化も考慮の上に

進学や就職、転勤、結婚、出産、介護など、人生には転機がつきものです。

中型インコは20年以上生きることも珍しくはありません。鳴き声の大きな中型インコの飼育は、近隣の方に迷惑をかけてしまうこともあるかもしれません。

愛鳥のことを守ることができるのは、ほかならぬ飼い主だけです。

どんな時も愛鳥の幸せを一番に考えることができる飼い主でありたいものです。

選びかた・購入

インコの健康状態を自分自身の目でよく確認し、健康で納得のいく個体を選びましょう。

どこから迎えるか

ブリーダーから直接、鳥を購入する場合、国内産であることや、正確な誕生日、遺伝的にヒナの性別が判明している場合もあるといった点がメリットといえます。一方、日ごろ飼育されている様子をショップのように気軽に確認しづらいという点がデメリットといえます。

ペットショップから購入する場合、気軽に店に足を運び、衛生状態や鳥の様子を確認できるところに安心感があります。

鳥の種類や性別、月齢にばかり気をとられていては後で後悔することになりかねません。この先も長く付き合いが続けられそうな信頼のおけるショップやブリーダーから理想として思い描く鳥を納得して迎えたいものです。

こんなショップからの購入はNG

- イベント等、期間限定の特設店
- ケージの中が排泄物や抜けた羽毛などで汚れている
- サイズの異なる種や、食性の違う種を同じケージに入れている
- 止まり木に全ての鳥が止まれないほどの過密飼育
- ケガをした鳥、弱った鳥が分けられることなく放置されている
- 幼すぎるヒナを販売している（予約販売は別）
- ヒナのさし餌が放置されたまま
- 鳥の入荷時期や原産が明らかにされていない
- 質問や相談に対して明確な答えが返ってこない
- 異臭がする　等

個人間売買のリスク

鳥の場合、外見だけで健康か否かを判断できるかというと獣医師でも難しいものです。また、年に2回または2羽以上の有償譲渡は法律で動物取扱業者の登録が義務付けられているので確認しましょう。

健康な個体を選ぶ

知識のあるスタッフの下で鳥の適切な飼育管理が行われている店やブリーダーから鳥を購入しましょう。健康な個体を選ぶことは、不幸な鳥を減らすことにも繋がります。

ココをcheck!

- 瞳はいきいきと輝いているか
- 羽に艶はあるか、抜け落ちている部分はないか
- 寝てばかりいないか
- 傷や腫れはないか
- よくエサを食べているか
- 動作がキビキビとしているか
- 吐しゃ物や下痢で汚れていないか

健康状態、検査、保証の有無を確認

　健康チェックのための検査は行われているか、行われているとしたら何の検査であるか、他に受けられる検査はあるか、検査費用の負担の有無、万が一の際の補償内容等について事前に確認します。

　購入先で受けた検査結果をうのみにせず、購入後、早めに鳥類専門病院で健康診断を受け、病気の発症を未然に防ぎましょう。

インコを迎える時期

　インコの若鳥やヒナは春先にもっとも多く市場に出回ります。

　家に連れ帰ってからしばらくの間は、鳥も環境の変化に気持ちやからだが追いつかず、体調を崩しがちです。寒い時期であればなおさらです。夏場も温度管理が難しいので、インコは寒すぎる冬、暑すぎる夏は避けて迎えましょう。

気になる鳥種が決まったら、鳥カフェなどで鳴き声や習性、相性などを事前に確認したい。（こんぱまる上野店　鳥カフェでの様子）

中型インコのライフステージ

どの成長段階にあるインコを迎えるか、今までの飼育経験やこれから鳥のために費やすことができる時間、ライフプラン、家族構成などを考慮して決めましょう。

誕生から3週間前後

孵化から2～3週間ほど経つまでの間は、巣の中で親鳥に世話をされ、きょうだい鳥と共に育ったヒナのほうが産まれてすぐに親元から離されたヒナよりも情緒が安定し、社会性も高く飼いやすい鳥に育ちます。

3週間からひとり餌になるまで

インコはさし餌で育てられることで、人への愛着を育みます。

人を信頼することができる鳥はパートナーが変わっても、時間をかけながら受け入れてゆきます。無理をして体調が急変しやすいヒナを迎える必要はないということです。

その後、さし餌が一回になった頃の鳥は、羽毛も生えそろい体調も安定してきているので、幼い頃からインコを育てたいなら、この時期の鳥を迎えるとよいでしょう。

巣立ち前（約7～12週齢※鳥種による）のヒナは食欲が一時的に落ち、飛翔の練習や運動、探索行動に時間を費やすようになります。これらはヒナが巣立ちに向けて行う自立への過程のひとつですので、食べないから、手に落ち着いて乗らないからといってむやみに追いかけまわしてはいけません。ここで慌てずに落ち着いて見守ることができれば、のちに自信と協調性のある若鳥に育ちます。

ひとり餌からはじめての換羽まで

およそ3～6か月齢の時期になると、飼い主を親としてではなく、遊びの相手として求めるようになります。呼び鳴きもこの時期からいっそう激しくなります。また、自我が芽生え、物や場所に固執しはじめます。

この時期の鳥は、馴れやすく育てやすいですが、ヒナの時期はすでに終わっています。かわいいからと赤ちゃんのように甘やかすのはNGです。依存させないよう適度な距離感を保って接しましょう。

生後約1か月半のシロハラインコ

はじめての換羽から性成熟を迎える頃まで

おとなになる前段階のこのステージでは飼い主や家族だけでなく、できるだけたくさんの人や物、場所に触れる機会を愛鳥に設け、社会性を身につけさせましょう。

また、やっていいこと、いけないことを教えなくてはいけない時期でもあります。ルールを決めたらそれを家族間で共有し、わかりやすく愛鳥にOKなこととNGなことを教えます。

ヒナから性成熟を迎えるまでの時期が、飼い主に対する愛情も一途な時期でもあります。コミュニケーションのルールを教え、信頼関係をしっかりと築きましょう。

性成熟から繁殖期まで

成鳥として繁殖が可能な大人のからだに成長するまでに中型インコの場合、1〜1年半ほどかかることが多いようです。

もっと早い時期から繁殖行動が見られることもありますが、実際に営巣し、ヒナを還すようになるまでにはもう少し時間がかかります。

生後1年を過ぎる頃には、縄張り意識も強くなり、干渉されることを嫌い、噛みつきがひどくなることがあります。また、呼び鳴きも頻度が増え、特定のおもちゃや止まり木、飼い主の手を対象にした自慰行為も見られるようになります。

いずれも成長の証ですので、強く叱ったりしてはいけません。愛鳥が落ち着きを取り戻すまでは、感情的に振り回されることなく、冷静に待つ心構えが必要です。

繁殖引退期から円熟期

繁殖期を過ぎ円熟期に入った成鳥は、繁殖期に入る前の穏やかな性質に近づき、再び愛鳥と付き合いやすくなります。

繁殖期を過ぎると基礎代謝が落ち、肥満になりがちですので、食餌のバランスを見直し、積極的にからだを動かす遊びに誘い、生活習慣病を予防しましょう。

円熟期以降

穏やかさを取り戻した愛鳥とゆったりとした時間を楽しめる時期です。持ち前の好奇心は影をひそめ、新しいエサやおもちゃ、芸などを好まなくなります。若い頃に比較し、体力や免疫力の衰えも目立ちはじめます。飼育環境や食餌内容に急激な変化がないよう気を配りましょう。

鳥種による特性の違い

同じ鳥種でも個体差があり、一概に語れるものでもありませんが、インコとどのような暮らしをしたいかをイメージし、飼いたい鳥、実際に飼えそうな鳥を考えてみましょう。

鳴き声が心配

鳴き声の問題が心配な場合、ビセイインコは耳触りの良い鳴き声といえるでしょう。

ヒラオインコ属やハネナガインコ属の仲間も、同じサイズのインコの中では比較的、穏やかな鳴き声の鳥といえます。

ウロコメキシコインコ属の仲間も中型インコの中では小柄なので声のボリュームは控えめです。

シロハラインコやズグロシロハラインコは、大きな声で鳴く頻度はやや少なめですが、鳴き声自体は甲高く大きなものです。

アケボノインコ属の仲間も日ごろは控えめな鳴き声ですが、警戒したときの鳴き声はかなりの大きさになるので中型インコにふさわしい防音対策が必要です。

賑やかなクサビオインコ属の中でもゴシキメキシコ、シモフリインコやクロガミインコの声はやや控えめで、最強の鳴き声と称されるのはコガネメキシコです。オキナインコも警戒の時の鳴き声はけたたましく大きめです。

芸を覚えさせたい

ウロコメキシコインコ属の仲間は明るく社交的でよく馴れ、根気強く教えれば芸を覚えます。

ホンセイインコの仲間は、縄張り意識が高めで触られることをあまり好みませんが、賢く飼い主とボディランゲージでコミュニケーションを取ることを楽しめる鳥です。芸達者な個体が多く、モノマネも上手です。

す。花蜜食性のため、毎日の掃除は他の中型インコより手間がかかりますが、「羽の生えた子犬」と呼ばれるほど愛らしく活発な鳥たちです。

スキンシップが好きな鳥がいい

　ウロコメキシコインコ属の仲間はスキンシップ好きな上、表情豊かで人気があります。

　ナナイロメキシコやシモフリインコ、コガネメキシコなどクサビインコ属の仲間は遊び好きで動きがコミカルです。性格は穏やかでたいへんよく馴れます。シロハラインコの仲間やハネナガインコの仲間もたいへんよく馴れ感受性が豊かです。

モノマネを教えたい

　オキナインコはモノマネが上手な鳥で、中には状況に応じた言葉を使いこなし、会話のようなおしゃべりができる鳥もいます。

　オトメズグロインコやドウバネインコ、アケボノインコ、ムラサキコセイインコ、ネズミガシラハネナガインコもモノマネを好んで覚えます。

動きの楽しいインコがいい

　ヒインコ属、テリハインコ属、セイガイインコ属、オビロインコ属などヒインコの仲間は、性質は陽気で動きもアクロバティック、見ていて楽しい鳥たちです。飼い主にもよく馴れます。また、ヒインコやズグロインコ、ショウジョウインコはモノマネが上手な個体も多いで

賢い鳥と暮らしたい

シロハラインコやズグロシロハラインコは、中型インコの中でも知的で賢いといわれます。陽気かつ外交的で、いつも楽しいことを探しているようなところがあります。モノマネは得意ではありませんが、音マネを好みます。

噛まれるのは苦手

ワカケホンセイインコはからだのサイズの割に噛む力が強めで、クセになりやすい傾向があります。オキナインコやウロコメキシコインコ属の仲間、ヒインコの仲間は陽気で活発、遊び好きですが、遊んでいるうちにヒートアップして噛むことがあります。ハネナガインコの仲間も同様です。中でもヒインコの仲間はクチバシの先端がとがっているので、噛まれたときの痛さは格別です。

穏やかな性質の鳥と暮らしたい

コセイインコは穏やかで攻撃性が低めの鳥です。

ドウバネインコやスミレインコ、アケボノインコはシャイですが賢く落ち着いた性質で、慎重さも有しており、大人のよいコンパニオンになります。ミカヅキインコやハゴロモインコも人懐こいですが依存的ではないので、飼いやすさがあります。

丈夫な鳥と暮らしたい

ズアカハネナガインコやオキナインコは比較的寒さに強いようです。ホンセイインコの仲間は寒暖差に適応する能力が高めです。

美しい鳥と暮らしたい

サメクサインコやナナクサインコ、キセナナクサインコなどヒラオインコ属の鳥はややクールですが、カラフルで存在感があります。

テンニョインコは尾がすらりと長く、中型インコの中でも美しい鳥として知られています。いずれも良いコンパニオンになります。

COLUMN ヒナの育てかた

ヒナを育てる際に大切なことは、温かいさし餌と適切な保温、充分な睡眠の3つです。ヒナは体温調節が未熟で体調も急変しやすいので、無理は禁物です。

さし餌の与えかた

さし餌にはインコのヒナ専用の人工飼料（パウダーフード）を用います。

急に味が変わると食べないことがあるので、パウダーフードはそれまで与えられていた銘柄と同じものを用意しておきましょう。

フードの濃度はパッケージに記載されている通り、成長段階に合わせて濃くしていきますが、まずはヒナの購入先でヒナに与えていたのと同じくらいの濃度からはじめます。

パウダーフードに加え、アワ玉（むき餌）を合わせる場合、パウダーフードより先に、アワ玉をあらかじめ熱湯でふやかしておき、湯で溶いたパウダーフードと合わせます。

さし餌は親鳥の体温と同じくらい（40〜42℃）になっていることを温度計で確認してから与えます。さし餌が冷めてしまうとヒナが食べないことがあるからです。

ヒナの飲み込む力を大切にするため、スプーンでクチバシから流し込むように与えます。

孵化後まもないヒナや飲み込む力が弱くスプーンから食べることができないヒナに は、フードポンプに空気が入らないよう注意しながらさし餌を吸入し、ヒナに上を向かせ舌の上からそっと流し込みます。

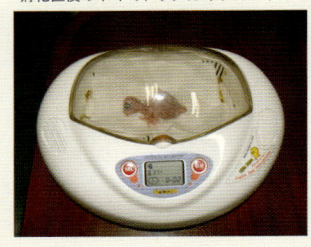
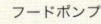

孵化直後のホオミドリアカオウロコインコ　　フードポンプ

キッチンスケールで、さし餌をする前と後の体重を測っておくと、ヒナが一回にさし餌を食べた量がわかります。

●さし餌を食べようとしない場合

迎えた直後の中型インコは、状況の変化や飼育者が代わったことなどを敏感に察し、さし餌を食べようとしないことがあります。

まず、さし餌の温度や濃度が適切であるか、パッケージを見てもう一度確認しましょう。

また、ヒナ自身の保温が適切に行われているかも再度確認してください。

食べる量が少なくても、回数でカバーしていくうちに、お互いに慣れていくことが多いですが、ヒナの絶食は命にかかわりますので、様子見はせず、鳥に慣れた獣医師の元で、さし餌のコツを教わりましょう。

【7週から12週頃のヒナ】

　巣立ちの頃を迎え、ひとり餌に移行しはじめる時期です。ヒナを飼育ケースからケージに移し、床の網を外してペレットなどのエサを撒いておくと、自ら拾って食べ始めるようになります。

　さし餌の回数は朝夕の1〜2回とだいぶ減りますが、親鳥から食餌を貰わなくなった時期の若鳥は、最も落鳥しやすい時期でもあるので、エサを自分で食べているか、確認します。

　毎日、スキンシップを兼ねて遊んであげれば、よい手乗りになってくれる時期です。飛ぶ練習をはじめている頃ですので、窓の開閉には充分注意し、激突や落下事故に注意しましょう。

ヒナとスキンシップを始めるのは羽が生えそろってから

　ヒナはまだ体力も抵抗力もないため、寝ることと食べることが何より大切です。可愛いからといってむやみに触ると体力を消耗し、弱ってしまいます。ヒナのうちはさし餌が何よりのコミュニケーションです。さし餌が終わったら、温かく、暗くして、ゆっくりと休ませましょう。

　羽がすっかり生えそろってきたら、スキンシップを兼ねて放鳥タイムを設けます。さし餌も食べたがるなら一日一回は与えておくと安心です。ただし、あまり長い期間、水分の多いさし餌に依存させてしまうと、インコの消化器官に負担がかかってしまうので、体重が安定してきたら、さし餌は卒業させましょう。

ヒナを育てる際の注意点

　中型インコのヒナは犬やネコとは異なり、自分の力で食べ物を探そうとはしません。

　大きな鳴き声で鳴いて親鳥を呼び、ほかのきょうだい鳥より目立って親鳥の関心を引くことで、生き残りを図ろうとします。

　親鳥の代わりに飼い主になついたヒナは、成長するにつれ飼い主を強く求めて一層激しく呼び鳴きを行い、スキンシップを求めるようになります。

　愛鳥の社会性を適切に発達させるためには、ヒナのうちから適度な距離を保つことがとても大切です。かわいいからと構い続けていると、常に愛情とそばにいることを求めてやまない鳥に育ち、それがかなわないと強いフラストレーションを感じて人に噛みついたり、時には自分のからだをも傷つけたりするようになってしまうこともあります。

　長い付き合いになる愛鳥です。ヒナのうちから必要以上に甘やかさず、適切な関係を保ちましょう。

PERFECT
PET
OWNER'S
GUIDES

Medium sized Parrots
中型インコ
完全飼育

中型インコの
飼育用品

飼育用品の選びかた

中型インコは小型インコより、広く高さのある生活空間が必要です。

ケージの中がインコにとって快適な空間になる飼育用品を選びましょう。

飼育用品の購入先を選ぶ

小鳥専門店・ペットショップ等

飼育用品を一式揃えるのであれば、鳥類専門店や大型のペットショップなど、品数が豊富で専門知識のあるスタッフに相談しながら選びましょう。ペットショップで使用されている展示用のケージは、鳥のＱＯＬを考えると小さ過ぎるものがほとんどです。中型インコが一日の大半を過ごす場としてふさわしい、大きめのケージがベストです。

必要な時に買えて、すぐに持ち帰ることができるのもショップで購入するメリットのひとつです。

オンラインショップ

オンラインショップで飼育用品を選ぶメリットは、多くの中からサイズやデザイ

ン、価格を比較できる点でしょうか。商品説明と購入者による商品レビューには必ず目を通しましょう。手に取って商品を確認できない分、材質や大きさなど、商品情報をくまなくチェックし、強度や安全性において問題がないと思われるものを選んでください。

　通信販売は商品到着まで時間がかかるので、必要性を感じたら早めに注文するようにしましょう。

よい飼育用品の基本

　毎日使うものですので、使い勝手が大切です。インコが安心して使えるもの、世話をする立場で扱いやすく耐久性の高いものがよい飼育用品といえます。

飼育用品を選ぶ際のチェックポイント

● ケージから簡単に取り外しできる
　着脱が億劫になるようなものはNG
● すみずみまで洗浄できる
　洗浄ブラシが届かないような小さな隙間があるものは不衛生
● 安全性が高い
　鳥が本来の目的以外にどんな使い方をするかまでイメージしてチョイス
● 頑丈な作り
　アクリルやポリカーボネート、ステンレス素材が長持ち
● 色落ちしない
　水で色落ちする、ブラシでこすると塗装が剥げるものはNG
● サイズが合っている
　小型鳥用ではなく、一回り大きく頑丈な中型インコ専用品を

必要な飼育用品

インコにとってケージの中は生活空間であり、プレイジムや遊園地ではありません。鳥が自由に動き回れるような、すっきりとしたレイアウトを考えましょう。

ケージ

ケージは狭過ぎることはあっても広過ぎることはありません。できるだけ広いスペースがとれるものを用意しましょう。

ヒーターを含めた飼育用品一式を入れた状態で、両翼を拡げて羽ばたきができるサイズを選びます。高さ・奥行きのないケージで飼育すると尾羽や翼が折れてし

まう上、ストレスとなり鳥が問題行動を引き起こす一因にもなります。

ヒナや若鳥で迎える場合、一回り大きく成長することもあるので、大き過ぎるくらいのケージを選ぶのがコツです。

形は四角が基本

スペースを有効に使えるシンプルな正方形や長方形のものがベストです。尾羽を保つために高さは必要ですが、鳥はケージの中でも高いところを定位置にする傾向があります。尾羽を保つ高さに加え、横幅にもゆとりがあるものを選びましょう。

HOEI　465パラキート
窓が手前に大きく開き鳥が
出入りしやすい

HOEI　465オウム
編線が太くて丈夫。空間を無
駄なく使える

網目に注目

ケージを選ぶ際にはサイズだけでなく網の太さや間隔にも注目しましょう。

小型鳥用のケージは、金属網が細く、クチバシの力で折ってしまう恐れがあります。

また、大型インコや犬猫用のケージの中には編線の間隔が広過ぎるものがあり、逸走や事故の原因になります。適切な編目のものを選びましょう。

ケージはステンレスがベスト

ステンレスケージは水洗いや経年劣化にも強く、塗装はがれや錆も出ず、最後まで清潔に使用することができます。

丈夫で長持ちするものを

中型インコの長い寿命を考えると、劣化したパーツも後からオプションで交換できる、専門メーカーのケージを選ぶと安心です。

ケージカバー

インコを休ませる際、ケージの中を暗く静かにするためにカバーをかけます。専用の遮光ケージカバーの他、遮光性の高いカーテン生地や厚手の毛布でも代用できます。

透明ビニール製のカバーやアクリルケースカバーは寒い時期の保温や羽毛や脂粉の飛散防止に便利ですが、中の空気が汚れがちで熱もこもりやすく、特有の匂いがあります。カバーは必要な時以外は外しておきましょう。

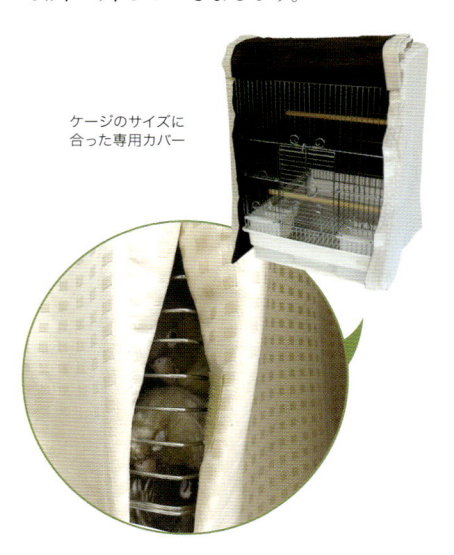

ケージのサイズに
合った専用カバー

止まり木

止まり木はインコにとって休む場所であり、睡眠をとる場所、エサを食べる場所、クチバシを整える場所でもあり、大切な居場所といえます。

ケージに最低2本

止まり木はケージに最低2本は必要です。1本だけでは左右の移動しかできません。上下運動やジャンプといった動きもできるよう、上下に設置します。

止まり木の太さ

趾が止まり木の径に対して2/3くらいに周るものが適切です。太すぎても細すぎても安定感に欠けます。

止まり木の材質

　天然木の止まり木は、太さが均一でなく、適度な凹凸があるため、鳥の脚の裏にやさしく、爪の伸びすぎや趾瘤症（バンブルフット）の防止になります。

　プラスティック製の止まり木は硬すぎて脚裏に負担がかかります。金属製の止まり木は滑りやすく安定感に欠け、冬は鳥から体温を奪い、夏は火傷の恐れもあります。

　サンドパーチは鳥の脚裏を傷つけやすいため、日常的な止まり木として使用するには不向きです。

エサ入れ・水入れ

　鳥が食べやすい高さや深さを考慮してサイズを決めます。洗いやすさや丈夫さも重要なポイントです。清潔さを保つためには、隅々まで洗浄しやすく、凹凸がないシンプルな形状で、ケージにしっかり固定できるタイプのものをチョイスします。

ひっくり返してしまうことのないよう、安定感のあるものを

副食入れ

　与える量を調整しやすいよう、ボレー粉やミネラルブロック、野菜やフルーツといった副食は、主食とは分けて、小ぶりの副食用容器に入れて与えます。

温度・湿度計

インコの飼育に温度と湿度の管理は欠かせません。一日の最低・最高温度が記録できる温度計もあります。ケージに設置するのでデジタルタイプの場合、防水性の高いものを選びましょう。

キャリーケース

通院や外出の際に必要です。また、掃除のときなど、ケージから一時的に愛鳥を避難させる際や、病気の時の看護ケースとしても活用できます。

金網製は通気性が良く、アクリル製キャリーケースは、保温性に優れる上、抜けた羽や排泄物の飛散防止、鳴き声のコントロールにも使えます。止まり木が一本設置できるタイプのものにしましょう。

ヒーター

ほとんどのインコは寒さが苦手です。ペットヒーターを使いこなしましょう。

電球型のヒーターは保温力がありますが高温になるため、火傷に気をつけましょう。

冬場はペット用のヒーターだけではケージ内温度を上げることは難しいので、エアコンやストーブなどと併用してケージ全体を暖めます。

遠赤外線ヒーターは、赤外線が当たっている場所だけが暖かくなるため、飼育環境全体の温度を上げるのには不向きです。

どの保温器具も一長一短がありますので、環境や目的によって使い分けましょう。

温度を一定に保ち、省電力にも役立つサーモスタットを併用すると安心です。

電球型ヒーター
明るくならないため、
鳥の眠りを妨げない

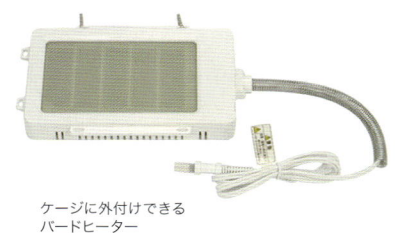

ケージに外付けできる
バードヒーター

キッチンスケール

　調理用のデジタルキッチンスケールの上に止まり木スタンドなどを置いて体重を管理します。エサや薬の量を計測する時にも役立ちます。

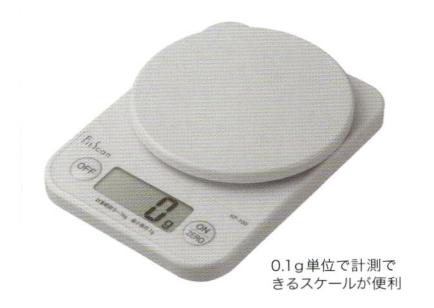

0.1ｇ単位で計測で
きるスケールが便利

爪切り

　小動物用爪切り、ヒト用爪切り、ニッパー等を用います。

ペット用ネイル
カッター

ニッパー型爪切り

霧吹き

　水浴びをする際に用います。

ミストが細かく持ちやすいものを

ハーネス・バードスーツ

　外に出かけたいときにバードスーツを着せてハーネスをつけられると便利です。

おもちゃ選び

おもちゃはコンパニオンバードたちにとって、なくてはならないものです。おもちゃは彼らの好奇心を刺激し、脳を発達を助けます。また、人と鳥とのコミュニケーションツールにもなります。

複数用意する

日替わりや週替わりでローテーションさせると長く飽きずに遊ぶことができます。

ケージにおもちゃは一つが基本

ケージの中におもちゃをあれこれと設置するのは危険です。愛鳥にとってケージの中はあくまで生活の場です。おもちゃによる過剰な刺激が過発情につながる恐れもあります。

また、おもちゃで雑然とした空間は事故やケガの元にもなりがちです。よほど広いケージでない限りは、おもちゃはケージに一つが基本です。

丈夫なおもちゃ

アクリル製のバードトイなどは見た目もカラフルで齧っても壊れない丈夫なおもちゃと言えます。

インコはフルカラーを認識していますので、色とりどりなおもちゃに好奇心を刺激されることでしょう。

壊れるおもちゃ

　牧草や木片、粟穂、皮革など、齧って破壊して楽しむタイプのおもちゃも用意しましょう。

　天然素材のおもちゃは、インコにとって齧って壊す楽しみがあります。

ブランコ・はしご類

　ブランコやはしごは、気分転換ができる居場所になります。

　ゆらゆらと不安定に揺れるところが止まり木にはない魅力のひとつで楽しむことができます。

　ケージの中では場所をとるようであれば、放鳥中の居場所としてリビングなどに吊るすとよいでしょう。

ベルのついたおもちゃ

　多くのインコは音が鳴るおもちゃも好きです。誤飲の恐れがあるので小さすぎない音の良いベルをチョイスしましょう。

鏡のついたおもちゃ

　夢中になって遊びますが、過剰な発情を促すようであれば取り外します。

押して遊ぶおもちゃ

　転がるタイプのおもちゃには、ボール状のものの他、車輪がついたどうぶつや車の形をしたおもちゃなどがあります。

バード・スタンド（待ってて台）

　ちょっとした用事のときに愛鳥を乗せられる台を用意しておくと便利です。芸を教えるときにも役立ちます。

バードジム

　エサや水入れが設置できるタイプのものや、おもちゃが吊るせるタイプのものなどいろいろあります。

バードテント

　主に木の洞を利用する習性のあるインコが休むときに入ります。

持ち上げるタイプのおもちゃ

　鳥が持ち上げられる程度に軽くて丈夫なものを選びましょう。

遊ばないなら外す

　遊ばないおもちゃは邪魔なので、すぐに取り外します。

　顔がついているおもちゃや音の出るおもちゃなどを鳥が怖がるようであればストレスの元になるので外します。

壊れたら修理するか捨てる

　留め具が壊れているおもちゃやロープがほつれているおもちゃは、遊んでいるうちに巻きついて、大事故につながる恐れがあります。修理できるものは修理し、難しいようならすみやかに破棄しましょう。

COLUMN 散歩の
すすめ

天気の良い日にはインコを屋外に連れ出してみてはいかがでしょうか。外の新鮮な空気に触れ、愛鳥と共にちょっとしたリフレッシュの時間を楽しみましょう。

インコと社会化

インコの縄張り意識が高まると人や他の鳥を寄せ付けなくなることがあります。

体調不良や不適切な環境、性成熟などが原因でそのような状態になることもありますが、多くの場合はインコ自身の社会性の不足からくるものです。

コンパニオンバードに社会性を身につけさせることは、長い一生の中で鳥自身のためにもなります。インコを迎えたら早いうちからいろいろ経験させてコミュニケーションの楽しさを教えましょう。

散歩に連れ出すメリット

社会化の手始めとして愛鳥を散歩に連れ出してみましょう。ケージの中での暮らしは安心感がありますが、好奇心旺盛なインコたちのことですから時には物足りなさを感じるはずです。

子どもが友だちとのやりとりの中でコミュニケーションを学んでいくのと同様に、インコも若い時期に人や鳥同士での遊びを通じてルールを身につけていきます。

インコも社会化の機会がまったく与えられないままだと、社会不適応ともいえる状態に陥ってしまいます。

散歩でインコのマンネリ化した日常に刺激を与えることで縄張り意識が低下し、外の空気や日光に触れることで病気に対する抵抗力を高めることもできます。

キャリーに入る練習から

出かけることに慣れていない鳥の場合、キャリーケースに慣らすことからはじめましょう。

キャリーケースに入ると、「いいことがある」、ということを、おやつを用いて教えます。キャリーケースに慣らしておくと、通院や災害時など、いざという時にもスムーズな移動が可能になります。

外に連れ出す際の注意点

インコは鳥です。慣れていようが羽をカットしてあろうが、飛んでいってしまう恐れがあります。外出前にはキャリーケース

の扉が閉まっているかを確認し、インコに
バードスーツやハーネスを着用させて出
かける際には破けているところや緩みが
ないかをチェックしましょう。

散歩は穏やかな午前中のうちがベスト

　暑い日には、短時間で熱中症に陥る
恐れがあります。鳥連れの散歩は、お天
気のよい日の午前中、短時間で行うの
が理想です。

持ち物

- ◉ 粟穂や青菜といった食べ物
- ◉ 常温の水　◉ ウェットティシュ
- ◉ ごみ袋　等

人の多い場所での注意点

　公園などでは人が集まってくることが
ありますがキャリーケースに入っている
場合、外側から見せるだけにしましょう。
　扉に触れさせず、愛鳥を怖がらせない
よう、大きな声は避け、そっと見るよう
に伝えます。
　長時間、知らない人の目に晒すことは
避け、早めに切り上げるようにします。
インコが外で
たくさんの人
と触れ合うこ
とで、飼い主
との心理的距
離も近くなる
はずです。

人の家に来訪する際の注意点

　愛鳥と個人宅を訪問する際には、訪問
先に鳥を連れていっても大丈夫かを事前
に確認してからにしましょう。知らない場
所で興奮していることもあるので、キャリー
ケースから出すときは慎重に。

周囲へのマナーも忘れずに

　すべての人が、鳥好きというわけでは
ありません。
　愛鳥を連れ出す際には、周囲に迷惑
がかからないよ
う、抜けた羽や
エサの飛散、鳴
き声など、周囲
への配慮が欠か
せません。
　エチケットを
守って愛鳥にも
さわやかな外の
空気を楽しませ
てみませんか。

PERFECT
PET
OWNER'S
GUIDES

Medium sized Parrots
中型インコ
完全飼育

中型インコの
理想の食餌

エサの購入先

健康な状態で迎えたはずのインコが病気になってしまう原因のひとつに不完全な食生活があります。

愛鳥の健康を守るために、栄養価の高い良質なエサを与えましょう。

エサの購入先を選ぶ

愛鳥の健康な食生活を守るためにも、エサは商品の回転率が高く、常に新しい商品を提供している販売店を選んで購入したいものです。

専門店
（ペットショップや小鳥店）

シードやペレットの種類が豊富に取りそろえられていて、スタッフに相談することもできます。与えたい副食との組み合わせをその場でコーディネートすることができる点が魅力です。

量販店
（ホームセンターやディスカウントストア等）

回転率を意識した、売れ筋商品が取りそろえられています。消費期限だけでなく、成分表示などもよく確認しましょう。大幅に値引きされている商品は、廃番品や消費期限が迫っているものも多いようです。

インターネットで購入

メリットはたくさんの銘柄の中から選べることと、価格を比較できる点にあります。

デメリットは、送料がかかること、欲しい時にすぐ入手できないこと、商品がどのように扱われているか分からないこと、商品の現物を見ることができないことの4点です。

複数のサイトで口コミを確認し、さらに販売店の評価にも目を通します。

信頼できる専門店の通販部門で購入するか、商品の消費期限が記載されている店舗の中から、購入者評価の高い店を選んで購入しましょう。

インコの栄養摂取量

インコ・オウム（成鳥）の
一日代謝エネルギー要求量

154.6 kcal/kg
（室内飼育の場合）

(Koutsら 2001)

何をどう与えるか

まず、主食として何を与えるかを決めます。愛鳥の鳥種、ライフステージ、食性や好み、飼育者のライフスタイルによって、与えるエサの内容はさまざまです。

シードを多めに与えたい場合は、栄養バランスを考慮し、副食に野菜やミネラルを与えたり、鳥類専用のサプリメントで栄養を補ったりします。

また、換羽期や成長期、巣引き時は栄養の必要摂取量も増加します。いつも以上のタンパク質やカルシウムを与えましょう。

ペレット（人工飼料）

ペレットは鳥の必要栄養素を考えて作られた完全栄養食で、基本的に副食は不要です。

動物病院でペレットを療養食として処方されることもあるため、早いうちからペレットには親しませておきたいものです。

ペレットへの切り替えを行う際、過度な絶食は鳥の免疫力の低下、時には命に係わ

ることもあるので、ペレットは焦らず無理なく、時間をかけて慣らしていきましょう。

ペレットを与える上での注意点

できるだけ添加物の少ないものをチョイス

ペレットのカラフルな発色の良さや人工的なフルーツの香りはインコが毎日食べるものなだけに添加物も気になります。品質保持のため酸化防止剤や保存剤が使われていることもあります。添加物を長期的に摂取し続ければ、愛鳥の健康に悪影響を与える恐れがあります。できるだけ添加物が少ないペレットを選びましょう。

フルーツフレーバーのペレットはシードからの切り替えに最適

無着色のペレットは排泄物の色の変化に気づきやすい

ペレットに用いられる添加物の種類

ペレットに用いられている添加物の多くは天然添加物です。これらのビタミンCやビタミンE、ハーブから抽出した天然成分由来の添加物は、からだには優しいですが、保存料としての効果も低めです。品質を維持するために冷暗所で保管し、開封後は速やかに使い切るようにします。

栄養の重複に注意

　ペレットは完全栄養食ですので、これに加え、サプリメントなどを与えると、栄養過多による障害を引き起こしかねません。

　特に脂溶性ビタミンは水溶性ビタミンと異なり、過剰に摂取すると体内に蓄積されてしまいます。過ぎたるは及ばざるがごとし。ペレットを常食とする場合、サプリメントやビタミン剤の栄養の重複に気をつけましょう。

● 万が一に備え、2社以上のペレットを与える

　中型インコは長生きです。生涯でペレットが廃番になることや、災害時にいつもと違うエサを食べなくてはいけなくなることもあるかもしれません。万が一に備え日頃からいろいろなメーカーのものを与えておくと、いざというときのリスクを減らすことができます。

粒の大きさや形、固さ等、好みがある

　インコの中にも、大粒のペレットは食べないけれど小粒のものなら食べる、あるいは、同じ味でも月型のペレットは残すけれど、せんべい型のペレットは好きという鳥もいます。いろいろチャレンジしてみましょう。

手を加えた場合はすぐに使い切るのが原則

　ペレットに慣らす工夫のひとつに、ミルすり鉢で粉にして、お気に入りの食べ物に振りかけて味に慣らすというやり方があります。

　ほかにもペレットをふやかして与えたり、ペレットをジュースに浸しておやつ感覚で食べさせたりする方法があります。粉末化したペレットや水分を含んだペレットはカビが生えやすいので、食べ残しはすぐに取り除きましょう。

ペレットを購入する際に確認すべきこと

- ● 対象の鳥種
- ● 含まれる栄養素
- ● 原料
- ● 消費期限

シード（種子混合餌）

ペレットに比べ、入手もしやすく鳥の食いつきも良いのがシード（種子混合餌）です。

アワ、ヒエ、キビ、カナリーシードといったイネ科の種子がブレンドされています。数種類の種子の中から食べたいものを選び、ていねいに殻をむいて食べる楽しみは、ペレットにはない良さがあり、殻を剥いて食べるという作業は、ストレスの解消にもなります。

シードを与える際の注意点

副食とペレットを合わせて

シード食は良質なたんぱく質に恵まれていますが、鳥類の成長や発達には欠かせないビタミン・ミネラル類が、全くといっていいほど含まれていません。エサがシードだけというのでは栄養失調に陥ってしまいます。

愛鳥にシードをメインに与えるなら、他にビタミンやミネラルといった栄養素を、青菜やボレー粉、カトルボーン、ミネラルブロックなどの副食から別途、摂らせる必要があります。

鳥の羽毛の様子や、排泄されたフンの状態から加減して与えましょう。

人工飼料の普及により中型インコも飼いやすくなったという背景があります。シードを主食にして栄養バランスをとることは難しいため、シードとともにできる限りペレットを併用することをお勧めします。

自然に近いが不明点も多い

殻付きのシードは自然に近いうえ、カビが生えにくく、嗜好性が高いというメリットがあります。しかし、鳥のエサとして販売されているシードは、収穫された時期が分からなかったり、農薬や混入物の有無もわからなかったりと、不明点も多いといえます。カビが生えていないか、匂わないかを開封して確認してから与えましょう。

やや割高ですが、無農薬や減農薬、ヒューマングレード（人間の食品基準を満たす）のシードも販売されています。

種子混合餌にブレンドする穀類

中型インコには、以下のような穀類を合わせて与えましょう。

●大麦、ソバの実、燕麦、小麦 等

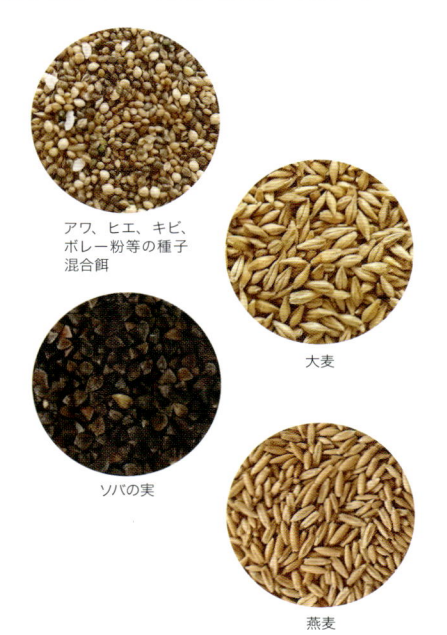

アワ、ヒエ、キビ、ボレー粉等の種子混合餌

大麦

ソバの実

燕麦

シードは皮つきをチョイス

皮を取り除かれた「むき餌」は、殻が出ないため掃除の手間が少し省けますが、傷みやすく栄養もほとんどないため必ず皮つき餌を選びましょう。

余分なものが入っていないものを

砂糖の衣をまぶしたドライフルーツや不自然に着色されたシード、添加物（消臭成分等）といった愛鳥の健康にとって余計なものがなるべく入っていないものを選びましょう。

オイルシード（脂種子）の与えすぎに注意

ヒマワリ、サフラワー、カボチャの種、マツの実、エゴマなどのオイルシードは、タンパク質の良い供給源となりますが、同時に脂肪分も多く含まれています。

飼育下ではこれらのシードの過剰摂取による肥満が問題となることもあります。愛鳥の適正体重や運動量とのバランスを考え、おやつやごほうびとして与えましょう。

注意が必要な種子

アサノミは薬品による発芽防止処理がされています。ナタネはセイヨウアブラナ（菜の花）の種子であり、強力なゴイトロゲンを含むため、甲状腺腫を誘発する恐れがあります。ピーナツ（落花生）は、大豆同様に毒性があるため、生食はできません。輸入ピーナツはアフラトキシン（カビ毒）の恐れがあるため、なるべく国産のものを選びましょう。

ピーナツ（落花生）

ヒマワリの種

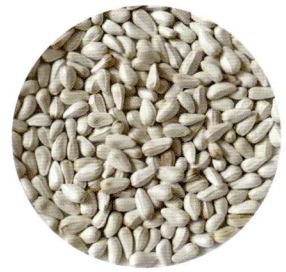

サフラワー

鳥種による食餌の違い

果実食の鳥

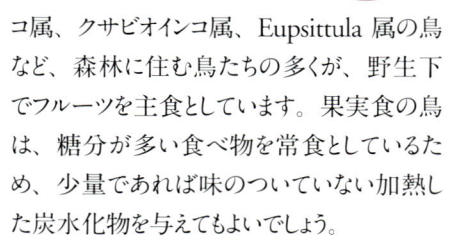

　アケボノインコ属、ウロコメキシコインコ属、シロハラインコ属、クサビオインコ属、Eupsittula 属の鳥など、森林に住む鳥たちの多くが、野生下でフルーツを主食としています。果実食の鳥は、糖分が多い食べ物を常食としているため、少量であれば味のついていない加熱した炭水化物を与えてもよいでしょう。

　毎日のエサとしてペレットが7割、副食として野菜、フルーツ、穀類をそれぞれ1割程度与えます。

花蜜食の鳥

　花蜜（ネクター）食の鳥は、野生下では主に花の蜜や花粉を主食にしています。テリハインコ属、ヒインコ属、セイガイインコ属、オビロインコ属、ジャコウインコ属、コシジロインコ属の鳥の仲間は、花の蜜を舐めとりやすいよう、舌先がブラシ状になっています。これらの鳥には、花蜜食用のフードを中心に7割、その他の副食としてフルーツ、野菜を各1割、ほかに総合ビタミン剤、果汁等を定期的に与えるとよいでしょう。フルーツは皮を剥き、野菜も小さくカットしたり、柔らかく加熱すると食べやすいようです。

※季節や環境によっては種子、葉、芽、花、蜜、虫等を食べることもあります。食用果実は糖度が高いため与えすぎに注意しましょう。

穀物食の鳥

　オーストラリア原産のヒラオインコ属、ミカヅキインコ属、マキエゴシキインコ属、ハゴロモインコ属、ビセイインコ属の鳥は、野生下では種子や穀物、果実、葉や芽などを食べています。糖分の消化能力はあまり高くないのでフルーツの与えすぎは下痢や肥満の原因になります。

　また、ハネナガインコの仲間などアフリカに住む鳥たちの多くは、サバンナに点在する林に生息しています。野生下では種子、穀物、果実、ナッツ、葉や芽などを食べています。ただし、飼育下にあり、運動不足の家庭環境にある場合は、ナッツなどの高脂肪食は控えめにするべきでしょう。

　エサはペレット7割に対してフルーツ、野菜、穀類を各1割ずつ目安として与えます。

中間食の鳥

　アジア原産のホンセイインコ属の鳥の食性は、種子、果汁、フルーツ、花、花蜜、穀物、虫などいろいろなものを食べています。穀物食と果実食の中間の食性と考えられており、消化能力も他の鳥に比べ高めです。栄養バランスに気を付けながら、少しずつさまざまなものを与えてみると良いでしょう。

副　食

　食べる楽しみや食の多様性を考えると、ペレットを主食としているインコにも、食性に配慮しながらいろいろと与えてみることをおすすめします。

　食餌でペレットを与えない場合は、種子にはミネラルやビタミン類がほとんど含まれていないため、青菜をはじめとする各種の副食は必ず与えましょう。

野菜類

　鳥類は体内でビタミンCを生成できますが、ビタミンAは食物から摂取する必要があります。

　ビタミンAを含むさまざまな緑黄色野菜をしっかり与えたいものです。

　ビタミンAを効果的に摂取させるには、新鮮で安全な青菜を日替わりで少量ずつ与えることが一番です。

　ビタミンAが豊富な野菜としては、小松菜やチンゲンサイ、豆苗、セロリなどがあります。豆苗は植物性エストロゲンによるホルモンバランスへの影響があるため、与えすぎないように注意してください。

　ニンジンやピーマン、かぼちゃなども、ビタミンAが豊富な食材ですので、早いうちから積極的に食べさせましょう。

　これらの野菜は、茹でると消化もよくなります。ただ、腐敗しやすくもなりますので、食べ残しはすみやかに取り除きます。

　冬場の野菜不足を補うためには、冷凍のミックスベジタブルを加熱してから冷まして与えてもよいでしょう。

与えてはいけない野菜

　モロヘイヤやアボカド、玉ねぎ、長ネギ、ニラ、ニンニクなどのネギ類は、鳥には与えてはいけません。

　ほうれん草に含まれるシュウ酸は、カルシウムと結びついてカルシウムの吸収が悪くなると言われているので注意が必要です。

　アブラナ科の植物の実と花は中毒物質が含まれるためNG、アブラナ科の植物（キャベツ、ブロッコリー、小松菜、レタス等）にはゴイトロゲンと呼ばれる甲状腺誘発物質も含まれているので、与え過ぎには注意しましょう。

　熟していない青いトマトは酸が強すぎて潰瘍の原因になりやすいと言われています。生のままの豆類も与えてはいけない食べ物のひとつですが、しっかり水に浸し、沸騰状態でよく煮たものや、炒ったものであれば、ほんの少し与えてもよいでしょう。

アボカド

ブロッコリー

長ネギ

果物類

　みかんやグレープフルーツなどの柑橘系のフルーツはビタミンCが多く、与えすぎは鉄分の過剰摂取に繋がる恐れがあります。

　また、市販の果物の多くは糖度が高めに調整されています。肥満の原因になりやすいので少量を与えるにとどめましょう。

リンゴ

みかん

バナナ

野菜・果物を与える際の注意点

流水でよく洗い流す

　市販の野菜・フルーツを与える際は農薬や化学肥料、成長剤などの残留を防ぐため、必ずよく流水で洗い流してから与えます。

その他の副食

　ミネラル・カルシウムの補給にボレー粉やカトルボーンを与えます。インコは種子を割って中身だけを取り出して食べるのでグリッドは必ずしも必要ではありません。

●ボレー粉

　カキの殻を焼いて砕いたものでミネラル、カルシウム分が豊富。市販品は塩分が高いため、水洗い後、乾燥させて与える。

●カトルボーン

　イカの甲でカルシウム、ミネラルが含まれている。クチバシを整えたり、ストレス解消にも役立つ。

●小松菜粉

乾燥させた小松菜をふりかけ状にしたもの。ビタミンAやミネラル・カルシウムを手軽に補える。

摂りすぎに注意

これらの副食は鳥が食べ過ぎると消化器や呼吸器の負担となることがあります。量や時間を決めて与えすぎには注意しましょう。

おやつ

本来、インコにおやつは必要ありません。

鳥のおやつとして販売されているものの多くは、嗜好性を高めるために糖分や脂肪分が多く含まれ肥満の原因になりがちです。ご褒美に少し利用するくらいにとどめましょう。

インコ用として市販されているおやつ

野菜を乾燥させたベジタブルチップス

サプリメント・総合ビタミン剤

サプリメントやビタミン剤は、季節を問わず、主食だけでは足りない栄養素を手軽に補うことができます。換羽や巣引きの際の栄養補給に最適です。

栄養の重複には注意しましょう。

サプリメント・ビタミン剤は、用途によって使い分ける

開封後は密閉容器に移し、冷蔵庫で保存

エサは開封した直後から酸化による劣化が始まります。品質の低下を防ぐために、開封後は乾燥剤とともに密閉容器に移し、冷暗所で保管します。

愛鳥の健康は食餌から

インコも年齢を重ねると、新しい食べ物に対して興味を失いがちです。早いうちから積極的に、遊びながらいろいろな食材を食べさせるようにしましょう。

COLUMN 穀類・野菜の栄養成分

穀類の栄養成分（食品100g中）　表1

	アワ（精白粒）	ヒエ（精白粒）	キビ（精白粒）	えん麦	ソバ（全層粉）	カナリーシード	あさの実	エゴマ
エネルギー (kal)	364	367	356	380	361	377	463	544
水分 (g)	12.5	13.1	14.0	10.0	13.5	12.9	5.9	5.6
タンパク質 (g)	10.50	9.7	10.6	13.7	12.0	21.3	29.5	17.7
脂質 (g)	2.70	3.7	1.7	5.7	3.1	7.4	27.9	43.4
炭水化物 (g)	73.10	72.4	73.1	69.1	69.6	56.4	31.3	29.4
食物繊維 (g)	3.4	4.3	1.7	9.4	4.3	21.3	22.7	20.8
βカロチン (mcg)	0	0	0	0	0		20	16
レチノール当量 (mcg)	0	0	0	0	0		3	3
ビタミンD (mcg)	0	0	0	0	0		0	0
ビタミンE (mg)	0.6	0.1	Tr	0.6	0.2		4.0	3.8
ビタミンK (mg)	0	0	0	0	0		50	1
ビタミンB1 (mg)	0.20	0.05	0.15	0.20	0.46		0.35	0.54
ビタミンB2 (mg)	0.07	0.03	0.05	0.08	0.11		0.19	0.29
ナイアシン (mg)	1.7	2.0	2.0	1.1	4.5		2.3	7.6
ビタミンB6 (mg)	0.18	0.17	0.20	0.11	0.30		0.39	0.55
ビタミンB12 (mcg)	0	0	0	0	0		0	0
葉酸 (mcg)	29	14	13	30	51		81	59
パントテン酸 (mg)	1.84	1.50	0.94	1.29	1.56		0.56	1.65
ビタミンC (mg)	0	0	0	0	0	0	0	0
ナトリウム (mg)	1	3	2	3	2	1	2	2
カリウム (mg)	280	240	170	260	410		340	590
カルシウム (mg)	14	7	9	47	17	20	130	390
マグネシウム (mg)	110	95	84	100	190	1300	390	230
リン (mg)	280	0	0	0	400	500	1100	550
鉄 (mg)	4.8	0	0	0	2.8	5.0	13.1	16.4
亜鉛 (mg)	2.7	0	0	0	2.4	5.0	6.0	3.8
銅 (mg)	0.45	0	0	0	0.54		1.30	1.93
マンガン (mg)	0.89	0	0	0	1.09		0.00	3.09
リノール酸 (mg)	0	0	0	0	950		15000	5100
αリノレン酸 (mg)	0	0	0	0	61		4600	24000

Tr：微量

科学技術庁資源調査会編「五訂日本食品標準成分表」より抜粋
カナリーシードの数値は2004年『コンパニオンバード（No.1）』（小社刊）を参照。

野菜の栄養成分（食品100g中） 表2

	小松菜 （葉）	チンゲン菜 （葉）	豆苗 （葉、茎）	白菜 （葉）	ニンジン （根 皮付き）	赤 ピーマン	パセリ （葉）	リーフ レタス
エネルギー（kal）	14	9	31	14	37	30	44	16
水分（g）	94.1	96.0	89.7	95.2	89.5	91.1	184.0	94.0
タンパク質（g）	1.5	0.6	4.8	0.8	0.6	1.0	3.7	1.4
脂質（g）	0.2	0.1	0.5	0.1	0.1	0.2	0.7	0.1
炭水化物（g）	2.4	2.0	4.3	3.2	9.1	7.2	8.2	3.3
食物繊維（g）	1.3	1.2	3.1	1.3	2.7	1.6	6.8	1.9
βカロチン（mcg）	3100	2000	4700	92	7700	940	7400	2300
レチノール当量（mcg）	260	1.7	390	8	760	8.8	620	200
ビタミンD（mcg）	0.0	0.0	0.0	0.0	0.0	0.0	0.0	2.3
ビタミンE（mg）	0.9	0.7	0.8	0.2	0.5	4.3	3.3	1.3
ビタミンK（mg）	210	84	320	59	3	7	850	160
ビタミンB1（mg）	0.09	0.03	0.24	0.03	0.05	0.06	0.12	0.10
ビタミンB2（mg）	0.13	0.07	0.30	0.33	0.04	0.14	0.24	0.10
ナイアシン（mg）	1.0	0.3	1.0	0.6	0.7	1.2	1.2	0.4
ビタミンB6（mg）	0.12	0.08	0.21	0.09	0.11	0.37	0.27	0.10
ビタミンB12（mcg）	0	0	0	0	0	0	0	0
葉酸（mcg）	110	66	150	61	28	68	220	110
パントテン酸（mg）	0.32	0.17	0.70	0.25	0.40	0.28	0.48	0.24
ビタミンC（mg）	39	24	74	19	4	170	120	21
ナトリウム（mg）	15	32	3	6	24	Tr	9	6
カリウム（mg）	500	260	170	220	280	210	1000	490
カルシウム（mg）	170	100	18	43	28	7	200	58
マグネシウム（mg）	12	16	18	10	10	10	42	15
リン（mg）	3	27	57	3	25	22	61	41
鉄（mg）	2.8	1	1.0	0.3	0.2	0.4	7.5	1.0
亜鉛（mg）	0.2	0.3	0.6	0.2	0.2	0.2	1.0	0.5
銅（mg）	0.06	0.07	0.11	0.03	0.04	0.03	0.16	0.06
マンガン（mg）	0.13	0.12	0.58	0.11	0.10	0.13	1.05	0.34
リノール酸（mg）	8	–	–	–	65	30	–	16

Tr：微量
科学技術庁資源調査会編 「五訂日本食品標準成分表」より抜粋

これらの表からわかること

　表1にある主な穀類の栄養成分表からは、ビタミンAを含むビタミン類がシード類には、ほとんど含まれていないことがわかります。

　種子、種実はインコたちにとって嗜好性がたいへん高く、つい与えすぎてしまいがちです。栄養の偏りを防ぐためにもペレットを主食にし、ビタミンAを豊富に含む青菜類を新鮮なうちに与えたいものです。

　また、ビタミンAだけでなく、ヨウ素などのミネラル類も種子・種実類にはほとんど含まれていません。そこで、ペレットが普及する以前はインコに青菜類だけでなく、副食として、カトルボーンやボレー粉、やき砂、ミネラルブロックといったものが与えられてきました。

　しかし、これらの副食類は品質や栄養価が明らかになっていないものが多く、過剰に摂取した結果、内臓に負担がかかり、病気の一因になってしまうことがあります。

　これらは副食としての歴史はありますが、何をどれだけ与えれば不足した栄養を補え、どこから過剰摂取になるのか、よくわからないというのが現状です。

　そんな理由もあって、中型インコにも人工栄養食であるペレットを主食することが推奨されています。

　表2は野菜の栄養成分表ですが、この表からは、白菜にはほとんど栄養がないこと、そして、パセリやニンジンがβカロチンを多く含んでいることがわかります。

　βカロチンは緑黄色野菜に多く含まれる栄養素のひとつで、体内でビタミンAに変換されます。ビタミンAは脂溶性ビタミンですが、βカロチンからのビタミンA過剰摂取による障害は報告されていないので、これらの野菜は安心して与えることができます。

　ただし、βカロチンをサプリメントから摂取することは、不明な点が多いので細心の注意が必要です。愛鳥の健康を守るため、食物の栄養的な特徴を考えた上でおいしく効果的に与えたいものです。

**PERFECT
PET
OWNER'S
GUIDES**

Medium sized Parrots
中型インコ
完全飼育

中型インコの
グルーミング

グルーミング上の注意

家庭で爪切りや羽切りを行うときは、「無理のない範囲で少しずつ」、が基本です。愛鳥がガマンできたらごほうびを渡し、少しずつグルーミングに対する抵抗をなくしていきましょう。

慣れるまではプロから教わる

爪切りをはじめ、羽切り、クチバシのカットといったグルーミングは、慣れるまでは動物病院やショップに依頼したほうが無難です。

無理やり暴れる鳥を押さえつけたり、痛い思いをさせたりしてしまうと、それ以降、人を怖がる鳥になってしまうことがあるからです。また、適切な角度や長さで羽のトリミングができなかった場合、バランス感覚を失ってしまい、事故のもとになります。

グルーミングされる恐怖を鳥の中でいっそう深めてしまうことになるので、できるだけ鳥に負担が少なく、苦痛を与えない方法で行いましょう。

抵抗なく保定ができるようになると、鳥にかかる精神的・肉体的負担も軽減されるうえ、さまざまな処置がしやすくなります。遊び感覚で楽しみながら保定を身に着けさせることが理想的です。

素手ではなく、タオルを用いて面でからだを包み込むように保定します。

爪のカット

野生のインコたちの爪は自然のうちに削れるため、カットする必要はありませんが、コンパニオンバードとして暮らすインコの爪は定期的にカットする必要があります。止まり木を自然木にすると、自然の凹凸や固さによって、爪の伸びすぎを防止、あるいは遅らせることができます。

巣立ち前のヒナは止まり木に止まる練習が不可欠なので、爪のカットはせず伸びたままにしておきましょう。

成鳥の場合は、放置すると指の肉球にあたる部分が扁平に変形してしまう恐れがあるため、爪が長くなるようであれば、定期的にカットします。鳥の爪には神経や血管が通っていて爪が伸びると血管や神経も長くなってしまうため、早めにカットします。

巣立ち後の若鳥の場合、爪切りに抵抗がないこともあるので、おやつを用いて早い時期から爪切りに対する苦手意識を持たせないようにするとよいでしょう。

爪切りを怖がる場合は、しっかりタオルで保定してから爪をカットします。からだに近い色のタオルを用いるとインコも落ち着きやすいようです。

タオルの上から人差し指と親指でしっかり頸部を押さえます。鳥を保定する際には、目を押さえないように気を付けてください。また、胸部も圧迫しないように注意しましょう。鳥の呼吸が妨げられてしまい危険です。

黒い爪は血管が見えず深爪しやすいので、手元によく照明を当てて少し長めに切ります。保定する際には、緊張をほぐすよう、愛鳥に優しく声かけしながら行いましょう。

鳥の爪を切るには、人用の爪切り以外に鳥あるいは小動物専用のもの、犬猫用のニッパーなどがあります。使いこなしやすいタイプのものを選びましょう。

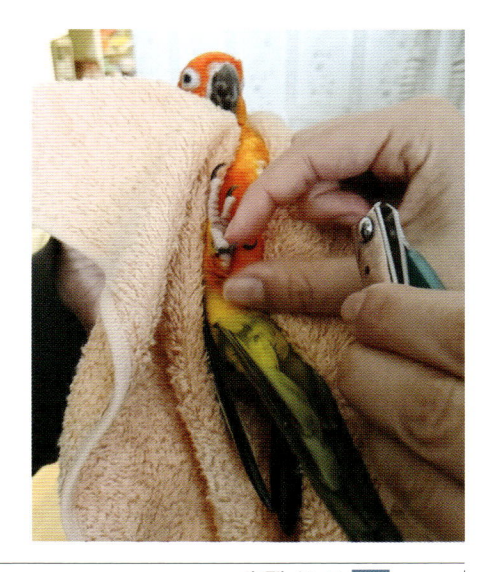

止血剤を用意しておく

　深爪させてしまったときに備え、市販の止血剤(クイックストップ)を用意しておくと安心です。羽軸からの出血等にも使用できます。出血箇所に粉末の止血剤を塗布します。この際、粉末が鳥のクチバシや目、出血箇所以外の傷口等につかないように気を付けてください。塗布したら患部を押さえて5〜10秒ほど止血します。その処置が終わったら、余分な粉末を患部から落として鳥のクチバシに入っても大丈夫なように整えます。

　応急処置的に小麦粉や片栗粉等を止血に用いる方法もありますが、この場合、小麦粉や片栗粉の栄養分がばい菌の温床となりやすく不衛生なため、これらで止血した後は動物病院で適切な処置を受けてください。

　線香の火で止血する方法もありますが、やけどのないよう、火を押し当てる際には慎重に行います。

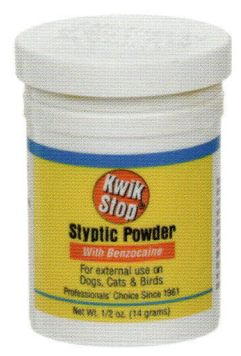

クイックストップ

サンドパーチ

　サンドパーチには爪の伸びすぎを抑止する効果がありますが、爪が削れるのと同様に脚の裏までも削れてしまう恐れがあります。また、クチバシをこすりつける際にも傷がつきやすいようです。サンドパーチを愛鳥が齧ってしまうようであれば、誤飲を防ぐため、すみやかに外しましょう。

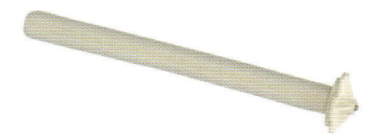

サンドパーチ

クリッピング（羽切り）

中型インコの羽をクリッピングするかどうかは飼い主の考えかた次第といえます。

事故や逸走の防止策としてのクリッピング

ショップやブリーダーから鳥を連れて帰ってきたその日のうちに、激突事故や逃がしてしまう事故が起こりやすいと言われています。また、旅行など遠くに出かける際にも羽をクリッピングしてあると安心です。

クリッピングのメリット

- 逸走の防止
- 窓ガラスや壁などへの激突防止
- 飼鳥として扱いやすくなる

クリッピングのデメリット

- 定期的なカットが不可欠
- 着地失敗・落下等の事故が起こりやすい
- 羽切りしているからという油断から逃がしやすい
- 安全に羽をカットするには技術が必要
- 鳥自身の自尊心の低下

クリッピングのポイント

鳥の羽を切る際には恐怖心をあおらないよう、優しく声をかけ続けましょう。

翼を注意深く手でつかんで広げて、鳥の頭部から引き離し、クチバシが届かないところでカットします。翼を強く引っ張ってしまうと鳥が痛みや苦痛を感じるため、慎重に行います。

外側の風切羽の2枚を残すクリッピングのやり方はケガや問題行動の原因にもなるのでNGです。

また、羽を切る際は左右対称に風切羽をカットすることが欠かせません。

ヒナや若い鳥の場合、飛翔や着地の技術がまだ身についていないので、羽のカットは最小限に行うべきといえます。

鳥は成長過程で羽ばたきの練習を行います。長めのクリッピングになっていれば、翼が揃っていなくても風の抵抗を感じることができ、はばたきの感覚を鳥が楽しむことができるようです。

適切なカットが行われなかった場合、鳥が無気力になったり攻撃的になったりする原因になります。慣れるまでは信頼できるプロにお願いしましょう。

クリッピングしたからといって油断は禁物

　鳥は強い風が吹くと風切羽がカットされていても気流に乗って勢いで遠くまで飛んでいってしまうことがあります。

　クリッピングを愛鳥の逸走防止策として期待しすぎてはいけません。常に逸走事故には用心しましょう。

クリッピングしないという選択

　クリッピングしていない鳥は、自由に羽ばたき、室内を飛び回ることができるので、堂々とした鳥に育ちます。鳥の飛翔は学習によって身に着けるもので、その過程の中で鳥として大切な自信や思考力を高めてゆきます。その発達過程をクリッピングによって奪ってしまうことになるということも考えた上で、愛鳥の羽切りをすべきか決断しましょう。

鳥種にあったトリミング

※赤線は成鳥、緑線は幼鳥に適したカットライン

クサビオインコ属
ウロコメキシコインコ属

シロハラインコ属

ヒインコ属

アケボノインコ属

オキナインコ属

ヒラオインコ属

ハネナガインコ属

ホンセイインコ属

クチバシのトリミングについて

クチバシにも血管や神経が通っています。そのため鳥のクチバシをカットすることはたいへんなストレスを与えることになります。できる限りカットしないで済むよう、愛鳥が楽しんで齧ることができる齧り木や自然木を与えて伸びすぎを防止しましょう。

クチバシをむやみにトリミングしてしまうと、種子の殻を剥けなくなったり、ペレットを砕くことができなくなったりして、インコ自身の力で食餌がとれなくなってしまう恐れがあります。

内臓疾患によるクチバシの変形等で獣医師が必要と判断したケース以外は、クチバシのカットは基本的には必要ありません。

COLUMN 水浴びの
すすめ

鳥にとって水浴び
はからだを清潔に保
つための手段だけで
はありません。イベン
トでもありリフレッシュ
の機会でもあります。

インコと水浴び

インコにとって水浴びはとても楽しい
一大イベントです。

コンパニオンバードたちが行う羽ばた
くという動作は新陳代謝を促し、運動不
足解消にも役立ちますが、水浴びを行う
ことでも同じような効果が期待できます。

狭いケージの中で日々暮らしている鳥
たちにとっては、水浴びはたいへん良い
運動になります。水浴びにはストレス解
消、換羽の促進、羽のグルーミングと
いった、さまざまなメリットがあります。

病気の予防にも

野に暮らす鳥たちと違って、雨の降ら
ない室内で暮らすコンパニオンバードた
ちは飼い主が意図的に水浴びの場を提
供しないことには羽を衛生的に保つこと
ができません。水浴びを定期的に行うこ
とで寄生虫や皮膚病の予防、さらに毛引
き症や自咬症の予防にもなります。

水浴び好きかどうかは
鳥種と育った環境による

羽が生えそろった頃から積極的に水に
慣らすと、水浴び好きな鳥に成長します。
はじめのうちは怖がらないよう、水を入
れた浅い容器を放鳥の際に置いておく、
離れたところから霧吹きなどで水をかけ
るなどして水遊びに誘います。

オーストラリアの内陸部など乾いた土
地に生息する鳥は水浴びをあまり好まな
いことがあるので、無理強いは禁物です。

水浴びは定期的に

鳥種や鳥の性格にもよりますが、週に
2、3回をめどに水浴びに誘いましょう。

愛鳥に定期的に水浴びする機会を与え
ないままでいると、ケージの中の水入れの
水で水浴びを始めてしまうことがあります。

飲み水を水浴びに用いてしまうと、水
が汚れるうえ、水入れがカラになってし
まい危険です。そのようなときは、すぐ
に水を入れ替えましょう。

健康のバロメーターにも

水浴びはインコたちの健康のバロメーターにもなります。

インコは具合が悪くなると、羽を膨らませ、暖かい空気を羽毛の中にまとって高い体温を保とうとします。そのため、調子が悪いときは水浴びを避ける傾向があります。ふだん水浴びを楽しむインコが、まったく水浴びをしないことがあったら、体調不良を疑いましょう。

水浴びの方法

● 容器を使った水浴び

たらいや洗面器、ボウルなどインコの大きさにあった容器に水を張って水浴びに誘います。深さはあまり必要ありません。インコがふちに止まっても安定感のある容器を用いましょう。

● スプレーを使った水浴び

園芸用のスプレーボトルに水を入れてインコに水をかけます。

スプレーは直接、鳥にめがけて吹きかけるのではなく、鳥のからだから少し離れた高い位置から噴射し、周囲を霧雨のような状態にすると、鳥が怖がらずに水浴びを楽しむことができます。スプレーを用いた水浴びは周囲に水が広範囲に広がってしまうので、風呂場など水にぬれてもかまわない場所で行うとよいでしょう。

● 葉水浴

鳥が水滴のたくさんついた木の葉や青菜にからだを寄せて水浴びすることを葉水浴といいます。

シロハラインコの仲間やヒラオインコの仲間は葉水浴を好む傾向があります。

水浴びは必ず常温水で行う

寒い時期に水浴びをさせると鳥が震えていることがありますが、必ず常温の水で行ってください。

鳥の全身の羽は羽づくろいの際に尾脂腺から出るオイルがくまなく塗られています。その油分によって、鳥は羽についた水をはじき、からだに水がしみ込まないよう、防水効果を高めています。

温水を用いることで羽の防水効果がなくなってしまうと、体温が維持できなくなり危険です。温水で水浴びさせることは絶対にやめましょう。

冬場、鳥がドライヤー音を嫌がらないようであれば、ドライヤーを遠くからあて、羽を素早く乾かします。

Medium sized Parrots
中型インコ
完全飼育

中型インコの
コミュニケーション

しぐさで分かるボディランゲージ

鳥種や雌雄、ライフステージなどによって
ボディランゲージもさまざまです。インコのしぐ
さや表情をよく観察しましょう。彼らの気持ち
が垣間見えてくるはずです。

行動観察を毎日の日課に

愛鳥の気持ちを知りたいのなら、しっかり
彼らの行動を観察するに限ります。

怒っているとき、喜んでいるときだけでなく、
毎日の日常的な暮らしの中で、彼らがどんな
時にどんな行動を起こすのかを知りましょう。

愛鳥の異変に獣医師よりも早く気づくこと
ができるようになれば、病気の早期発見、
早期治療につなげることもできます。

うれしいとき・かまって欲しいとき

- クチバシを軽く開く
- いかり肩のように翼を浮かせ気味にする
- 止まり木や机の上を行ったり来たりする
- 翼を上下にアップダウンする
- からだだけ左右にせわしなくゆする
- ケージに飛びつく
- 頭部を上下にふる
- 注目を引きたくて、ダンスのようなおどけた
  動作をしてみせます。

今、コミュニケーションとりたいという気持
ちの表れですので、時間が許すかぎりそ
れに応えましょう。

体調の良いとき

- よく通る声で元気にさえずる
- 水浴びする
- さえずりや水浴びは健康のバロメーターになります。

  体調が整っていないときは、鳥のさえずりや水浴び行動はあまりみられません。

暑い・湿度が高いと感じているとき

- 翼部(腋の下)を腹部から浮かせている
- クチバシが半開き
- 呼吸があらい
- 日陰を探し、水のそばや隅のほうにいる
- インコは暑いと羽毛の中に必要以上に熱がこもらないよう、両翼を腹部から浮かせて風通しをよくし、体温が上昇しすぎないように調整します。

  湿度が高くてもこのようなしぐさをします。

寒いと感じているとき

- 脚の先まで羽毛で覆っている
- 全身の羽毛を立てて膨らんでいる
- 片脚立ちをしている
- 頭部を後ろに向けて羽毛の中に入れている
- 寒いとき鳥は全身の羽毛を膨らませ(膨羽)、温めた空気を外に逃がさないようにして、体温維持に努めます。

  眠い時も睡眠中、体温を逃がさないよう膨羽することがあります。

  一日じゅう羽を常に膨らませているようであれば保温しましょう。

  保温を行っても羽毛がまだ膨らんでいるようであれば、体調に問題が生じているのかもしれません。

怖いとき・用心しているとき

　苦手なものに対して頭をひっこめるのは、怖いと感じているときです。この後、逃げたり反撃に出たりします。

主張・興奮

- 頭部の羽毛が逆立つ
- 瞳孔が収縮している
- 羽毛を逆立てている・または広げている
- クチバシを大きく開けて向かってくる
- 羽毛を逆立て、瞳孔が収縮し、興奮状態にある時は、縄張りの主張や怒り、恐怖を覚えている時で、警戒の鳴き声を伴うこともあります。気持ちを逆なでしないようにしましょう。

落ち着いているとき・眠いとき

- ジョリジョリとクチバシを擦り合わせる
- 羽繕いをしている
- 顔周辺の羽毛にクチバシが隠れている
- 羽毛をふんわりさせ、目を閉じている
- 脚を羽毛で覆っている
- からだの手入れをしている時は、安全で気分が落ち着いている時です。眠る前にも体制を整えるため、この動作が増えます。換羽期や発情の時期の世話はこのタイミングを狙うとよいでしょう。

気分転換するとき・眠りから醒めるとき

- 翼を伸ばす
- あくびをする
- 眠い時や目覚めの時に鳥は羽毛のコンディションを調整したり、翼で伸びをします。あくびは、眠いときばかりではなく、目覚めのとき、疲れているとき、極度な緊張状態にある時にも行われます。

集中しているとき

- 頭部の片側を音や声のする方向に傾けてじっとしている
- 静かに瞳孔を収縮させている
- インコは興味のある音や声には、頭を傾け耳孔を向けて聞き取ろうとします。ことばを教えるのには絶好のチャンスです。繰り返し、覚えて欲しいことばで優しく声をかけ続けましょう。

求愛

- 尾羽を横に広げる（オス）
- エサを吐きもどす（オス）
- 羽毛を逆立てる（オス）
- コツコツと止まり木やおもちゃを叩く（オス）
- お尻をすりつける（オス）
- 低姿勢で翼を広げる（メス）
- 背部を反らす（メス）
- 攻撃的になる（オス・メスともに）
- 性成熟を迎え発情すると、特定の相手や物に対して、求愛のポーズをとるようになります。

かまって欲しいとき・甘えたいとき

- 羽毛を軽く逆立て、首をかしげる
- 甘咬みをする
- 手の平や指、頬にからだを預けてくる
- 仲のよい鳥同士が羽繕いに誘うしぐさです。親密なスキンシップを求めている時です。からだ全体に触れると発情に繋がってしまうので、頭部を掻いてあげましょう。

仲間と意識しているとき

- クチバシや人のヒゲ、毛穴などを気にして繕おうとする
- 鞘に入った羽を押し付けてくる
- 人の顔の一部を優しくクチバシで整えようとしているときは、相手を信頼し、世話をやこうとしています。また、新生羽を押し付けてくるようなときは、自分のクチバシの届かないところの世話を焼いてもらおうと期待しています。いずれも深い関係性の表れといえます。

びっくりしたとき

- からだに羽毛をピタっとつける
- 目を白黒させている（瞳孔が激しく収縮）
- 背伸びのようなポーズをとる
- 慌てて飛び立つ
- 後ずさりする
- ギャっと鳴く
- インコは驚いたときにはとっさに逃げようとしてすぐに飛び立ったり、恐怖の声をあげることがあります。パニックに発展することもあるので、声をかけて落ち着かせましょう。

縄張りを主張している

インコの仲間たちは、からだを左右にゆらゆらと揺らすようにし、さらに脚をトントンと踏み鳴らして相手へ警告を行うことがあります。

↳ 縄張りの主張や、近すぎる距離に対する警告です。この行動は相手を怖がってのことともとれるため、横揺れしながらこちらを見つめ、トントンと脚を踏み鳴らされたら、いったん離れて安心させましょう。

シャーっと声を出す

蛇のシャーっという威嚇音をインコが真似することがあります。この声は、相手を遠ざける防御的威嚇の時に発せられると考えられており、危険な相手を自分から遠ざけるために出す警告音と考えられています。恐怖によるストレスをあまりかけないよう、この声で威嚇されたらすみやかに退散しましょう。

ニギコロを楽しむ

「ニギコロ」と呼ばれるしぐさは、鳥が手のひらの上でコロンと仰向けになる姿のことを言います。中型インコの中には、この姿のまま、すやすやと寝入ってしまうインコや、自ら転がって積極的に遊ぶインコもいます。手のひらの中で転がるにしても、目の前で転がるにしても、無防備な姿で飼い主に対して深く信頼を寄せている証ともいえます。

こころを育てる

　飼育者の関わりかたひとつでインコの態度や表情もずいぶん変わってくるものです。

　たくさんの愛情を注ぎ最高のコンパニオンバードに育てましょう。

バードビューの視点を忘れずに

　ケージの中で暮らす中型インコたちですが、少し前の世代までは大空を翔けめぐっていた野鳥だったはずです。

　中型インコはセキセイインコなどの人気小型種とは異なり、飼育されてきた歴史が浅い種が多く、彼らの野生の本能はほとんど失われていないと考えるべきかもしれません。

　今も大空で翼をはためかせてみたいと思っているかもしれませんし、群れの仲間を持ち、恋をしたいと考えることもあるかもしれません。自分の力で美味しい食べ物を見つけたいという気持ちもあるでしょうし、仲間である飼い主と、できればずっと一緒に過ごしたい、もっと遊びたい、自分だけを見ていてほしいと感じているのかもしれません。

　ケージの中で行動を制限されている暮らしには我慢していることも多いと思われます。

　彼らの本能を満たすためにわたしたちがしてあげられることは少ないかもしれません。それでも「鳥は鳥らしく」を念頭に置き、インコが何を望んでいるのかを考え、それをできる範囲から実現する努力は続けたいものです。

鳥の習性と問題行動

　中型インコの鳴き声は狭い日本の家屋の中では容赦なく響き渡ります。時にはそれが耐え難く耳障りに感じることもあるでしょう。

　彼らの力強く賑やかな鳴き声は、木々のざわめきや突然のスコールにかき消されないためものです。種としての生き残りをかけて、仲間と離れることがないよう、遠くにもよく響く鳴き声で鳴くようになったのだとしたら、彼らがわたしたちに向けるその鳴き声を全面的にうるさいと否定してしまうのはどうでしょうか。

　鳥には翼があり、野生下では自分の意思で行きたいところへ行くことができます。飼育下にある鳥はそれができないので、ケージの中から思い切り叫んでみたり、おもちゃやエサを投げてみたりして仲間である家族の気を引こうとすることがあります。

　それだけではありません。家具を齧るのも、洋服のボタンを引きちぎるのも、鳥たちにとっ

てはそれぞれ理由が必ずあるものです。

　ものを齧ってそれらのくずを巣材にしようとすることもあれば、齧った物の中に食べ物を見つけようとすることもあります。また樹皮に穴を開けるようにして虫や種子、木の実を探すのも、野に暮らすインコたちにとっては、すべて生活のために欠かせない大切な行動でもあるわけです。

　インコの行動にはすべて理由があります。怒鳴り散らしたりケージを叩いたりするのはやめましょう。行動を制限されているインコにとってきっとそれは、とても悲しく辛いことです。

　不満な気持ちを愛鳥がエスカレートさせることなく、飼い主がやってくるのを静かに待てたのであれば、喜びと感謝の気持ちをたくさん込めて、最高の褒めことばとおやつのご褒美を贈りましょう。

　「よいコにしていれば、必ずいいことがある」という経験を愛鳥にたくさん積ませることが良い関係を築く上で大切です。

　鳥がたまたま静かにしているからといって、

これ幸いとばかりにほったらかしていたので
は、「静かにしているといつまでも放置され
る」と愛鳥は誤った学習をしてしまいます。

　静かに待てたときこそ、愛情を込めてたく
さん愛鳥に声をかけて「いつも見ているよ」と
いうメッセージを送りましょう。

叱るのは逆効果。
失敗させないことが大切

　たとえば愛鳥がエサ箱をひっくり返してし
まったとか、食べ物と指を間違えて噛んでし
まったといった失敗をしてしまったときに、声を
荒げて強く叱ってしまったことも一度や二度
はあるかもしれません。

　大切な洋服のボタンを引きちぎられてし
まったら腹のひとつも立ちますが、鳥が怯える
ほど強く叱るべきではありません。

　信頼していたはずの飼い主に脅かされた
（ひどく叱られた）という記憶は、愛鳥の中で恐
怖体験として深く残り、その後、人との関

係性にしこりを残すことがあります。

　愛鳥と深い絆で結ばれるためには、失
敗を感情任せに怒るのではなく、飼育者側
が気を配り、愛鳥に失敗体験をさせないこ
とが大切です。

　鳥のボディランゲージを日ごろからよく確認
して、「咬ませない」こと、愛鳥に触られると
困るものは徹底的に放鳥前に隠して「触れ
させない」こと。そして、愛鳥が興奮したり
警戒するような環境は避け、愛鳥が「絶叫
すべき状況を作らない」ことなどを常に心掛け
ましょう。

　このようにしてできたことは褒め、できなかっ
たこと、やってほしくないことは声を荒げ厳し
く叱り飛ばすのではなく、「見て見ぬふり」を
徹底します。望ましくないその行動には関心
を示さず、飼い主にとって良い行動が現れ
るのを待ち、タイミングよく褒めるというやり方
が愛鳥の問題行動を減らし、望ましい行動
の頻度を高めます。

COLUMN | インコとより深い心の絆で結ばれるためのヒント

静かな環境で育つ穏やかな心

ともに暮らす中で、インコが突然、バサバサとケージの中で暴れだしたり、止まり木から落ちたりしたところを目にしたことがあるのではないでしょうか。

インコたちは急に動くものや突然の物音にはとても敏感です。なぜならインコはいつも捕食される側のいきものです。いざという時に戦う術をもっていないため、捕まる前に異変に気付き、逃げるしか生き残る術はないからです。

もし狭いケージの中で慌てて飛び立とうとすれば、大ケガをしかねません。インコは他の何かに脅かされることなく、静かで落ち着いた環境の中で暮らすことを望んでいるはずです。

愛鳥がケージの中にいるときはもちろんのこと、放鳥タイムも安心して過ごすことができる環境を用意し、その穏やかな時間をわたしたち飼育者も共有しましょう。

愛鳥のイライラや恐怖心が少しずつ取り除かれると、表情やしぐさ、鳴き声も優しく穏やかなものになってゆくはずです。

いつもの日常を約束

遊び好きで好奇心旺盛なインコたちですが、日々の生活にハラハラドキドキとした非日常をいつも求めているというわけではなさそうです。

インコにとって、ケージや我が家は大切なテリトリー（縄張り）の一部です。

ですから、ある日突然、インコの過ごすケージや部屋の中に、見慣れぬ新しい家具やペットなどが入ってくると、インコも混乱してしまいます。

変化のない生活は退屈なものかもしれませんが、かといって変化の多すぎる生活は大きなストレスになります。

コンパニオンバードにとって、特にケージの中は「自分の家」で生活の拠点です。彼らはそこに遊園地やテーマパークのよう

な派手さや奇抜さは望んでいません。

インコの生活の邪魔になるほどたくさんのおもちゃをぶら下げたり、模様替えと称してレイアウトをやケージを、あまり頻繁に変えることは極力やめましょう。

ワンパターンになるかもしれませんが、そのいつもどおりの日常がインコを安心させてくれます。インコの起床の時間、エサやケージを掃除する時間、インコの放鳥タイムは、できるだけ毎日、同じ時間帯に行いましょう。

そうすることで、インコは何気ない日常の中で生活のリズムを作り、わたしたちのことを期待しながら待つようになります。

音楽や会話は生活のエッセンスに

インコは音声でコミュニケーションを互いにとりあういきものです。彼らの毎日の

生活を彼らにとって心地よい音で満たしましょう。

あるコガネメキシコは、その家の少年がピアノで奏でるモーツァルトに合わせてリズミカルに歌うことが、また、あるビセイインコにとっては、早朝、飼い主が開け放った窓の外から聞こえてくる野鳥の声と共にさえずることが毎日の欠かせない楽しみのひとつになっているようです。

また、インコの美しい鳴き声や穏やかな呟きは、飼い主であるわたしたちを慰め、癒します。

そこで、わたしたちからも愛鳥にたくさん話しかけてみましょう。

モノマネを教えようと躍起になるのではなくあたかも恋人同士の会話のように、愛鳥に向けて、静かに優しくつぶやいてみてください。

大好きな飼い主さんからの語りかけは

愛鳥にとって嬉しいこと。きっと、興味津々で聞きいってくれることでしょう。

もし、あなたが口下手で、愛鳥に何を話しかけてよいのか分からないという場合、幼い頃に歌った童謡でも歌ってみるのもおすすめです。子守歌も素敵です。思いを込めて、優しく歌いあげましょう。

きっと愛鳥は軽く首をかしげ、耳孔をこちらに向けるようなしぐさで、一生懸命、耳を傾けてくれるはずです。

群れの一員として同調してみる

時にはインコが入ったケージのそばに座って、脅かさないよう、ゆったりとした動作でそこで過ごしてみましょう。わたしはあなたの群れの一員です、という気分で。愛鳥もはじめのうちはソワソワしているかもしれませんが、やがて落ち着きを取り戻します。それを眺めながら、のんびりゆったり時間を共有してみましょう。

ケージの中のインコもその様子に心を許し、羽繕いや、クチバシの手入れをはじめるかもしれません。

次はゆったりとした気分で、とっておきのお茶やおやつをインコのそばで頂きます。はじめは好奇心いっぱいの瞳でこちらを見つめていたはずのインコが、いつの間にかわたしたちと一緒になって、ケージの中で食餌を楽しんだり、水を飲みはじめたりしてはいるのではないでしょうか。

その時のインコは、飼い主であるあなたを群れの一員であると認め、仲間として同じ行動をとることで同調していると考えられます。

愛鳥を眠らせてみよう

このように特別な関係が愛鳥との間に出来上がってきたら、愛鳥を眠らせてみましょう。

たとえ鳥がかかる催眠術の心得がなくても、かんたんにできるはずです。

やりかたはこうです。インコの入ったケージを少し高いところにおいて、そこからちょっと下のあたりに座り、ゆったりとした動作でうつらうつらとしてみます。

自分もインコになったかのように、まぶたが下から少しずつ重たくなって、ゆっくり上がってくるようなイメージで目を閉じ、青空と緑の広がる草原でも心に思い浮かべながら、瞑想を続けます。

はじめのうちは遊ぼうと呼び鳴きをしていた愛鳥も、パートナーであるあなたが眠る姿につられるかのように、静かに目を閉じ羽毛をふんわりさせて、安らかな眠りにつくことでしょう。

参考文献：『人はなぜ動物に癒されるのか』
著：アレン・M・ショーン／監修：太田光明／訳：神田京子（中央公論新社）

CHAPTER

7

PERFECT
PET
OWNER'S
GUIDES

Medium sized Parrots
中型インコ
完全飼育

PERFECT
PET
OWNER'S
GUIDES

Chapter 8

中型インコの
しつけとトレーニング

しつけの意味と目的

インコは高い知能を持っています。ただ甘やかすだけ、叱りつけるだけではうまくいきません。かれらの気持ちを受容した上で、やっていいこと・悪いことを教えましょう。

精神的に
自立した鳥に育てるために

インコを飼育していてジレンマに感じることのひとつに、よく馴れた鳥にほど毛引きや激しい呼び鳴きに悩まされるというものがあります。愛鳥と自分との適切な「間」のとりかたについて考えてみましょう。

インコに多くを求めすぎない

愛鳥にたくさんの愛情をかけるのはとても良いことです。しかし、それも度を超してしまうと、鳥のこころの成長を妨げてしまうことがあります。

わたしたち人はインコたちと同様に社会的な生き物であり、誰かと繋がっていたいという生まれながらの強い欲求を持っています。

それがうまくいかなかった場合、人ではなく、口のきけないペットにその気持ちを擬人的に求めてしまいたくなることがあります。

人間関係がうまくいっていない人ほど、愛鳥に深く傾倒し、その結果、共依存の関係に陥ってしまうのです。

そうなると愛鳥もまた飼い主の少しの不在も耐えられなくなり苦しむことになりかねません。

かまい過ぎない

わたしたちが必要以上に愛鳥をかまい過ぎると、さまざまな問題を引き起こします。

たとえば家に来たばかりのヒナや若い鳥をしょっちゅうケージから出してベタベタと好きなように触っていたらどうでしょうか。鳥にもフラストレーションがたまります。その結果、食欲や免疫力が低下し、心身ともに衰弱してしまうことがあります。

また、そのようにして幼い頃から何かに脅かされて育った鳥は、極端に臆病だったり、攻撃的だったりと精神的に不安定に育つ可能性が高くなりやすいものです。

インコが環境に慣れるまではそっとしておくことがその後の長い付き合いで良い関係を保つ秘訣です。かまい過ぎは禁物です。

長い目でみて考える

よく馴れた鳥はわたしたちの毎日をとても楽しいものにしてくれます。

だからといってケージに戻さず、ずっと放鳥しっぱなしというのはよくありません。

放鳥されていることが当たり前のようになってしまったインコは、ケージの中に戻ることを好まなくなります。

やがてケージではなく、インコにとって部屋や家全体がテリトリー（縄張り）となり、家の中に知らない人や家族以外の人が入ろうとすると、必死でそれを妨害しようと、来客に攻撃をしかけたり、けたたましい警告の声を上げ、今すぐここを立ち去るよう、来客に抗議するような鳥になってしまいます。

ここは災害大国日本ですから、いつ何時、想定外の災害で避難しなくてはならないことが起こるかわかりませんし、災害とまではいかなくても、誰かに預けなくてはいけなくなることも長い暮らしの中では充分、起こりうることです。

そんな時、荒鳥のようにケージには入らない、飼い主以外の人には攻撃的、ケージに入れられただけでストレスを感じてエサを食べないというのでは困ります。愛鳥の万が一のことまで考えて、やはり鳥はケージで飼育すべきといえるでしょう。

適度な距離感を保つ

赤ん坊のようにただ甘やかされて育ったインコは、ケージの中でひとりで過ごすことに計り知れぬ不安や苦痛を感じることがあります。

常に飼い主が一緒に過ごす生活に慣れてしまうと、留守番などでひとりぼっちになったときに、愛鳥は何をして過ごしてよいのか分からなくなってしまうのです。

そのうちイライラが募り、毛引きや自咬症のきっかけにもなります。

飼い主が出かけた後の時間は「自分だけのきままな自由時間」になるはずが、想像を絶する「孤独と苦痛と恐怖に満ちた時間」になってしまう恐れがあるということです。

もし、人の不在が愛鳥の問題行動の主な原因になっているようであれば、別の鳥をルームメイトに迎えることで、分離不安が和らぎ、落ち着きを取り戻すことがあります。

楽しみながらトレーニング

　賢く芸達者な鳥が多いのも中型インコの魅力のひとつです。無理のない範囲で楽しみながらトレーニングしましょう。

まずはステップアップ

　インコを迎えたら、いちばん先に教えたいのが基本のステップアップです。

　ステップアップは、ただ手に乗せるという単純な芸ではありません。ステップアップを練習することで、愛鳥は社会性を身に着けます。

　毎日、放鳥の際、愛鳥と楽しくステップアップのトレーニングを行いましょう。

　愛鳥がその時間を楽しめるような、和気あいあいとした雰囲気で行うことが大切です。

ステップアップの手順

　ステップアップにも何種類かありますが、難易度が易しいものからトレーニングを行います。

指に乗せたいとき

　親指は突き出さず、手のひら側に引っ込めるようにして手の甲の側からゆっくり鳥の腹のあたりに人差し指を向けて乗るように促します。

腕に乗せたいとき

　手のひらを握って親指を他の4本の指で覆い隠すようにして差し出します。

　このように親指を隠すことで、親指を噛まれるリスクが減るだけでなく、愛鳥の指や腕に対する恐怖心も和らげることができます。

難易度別ステップアップ

❶止まり木から手に乗せる

▼

❷手から手に乗せる

▼

❸手からスタンド、スタンドから手に乗せる

▼

❹スタンドからスタンドに乗せる

　もし愛鳥がステップアップを拒否して逃げてしまうなら、ステップアップしたがらない理由は何かを考え、恐怖心を取り除きましょう。

うまくいかないときは?

考えられる理由 その一

↪経験不足

- **◉巣立ちまで親鳥と暮らしていた鳥**
- **◉ケージの中から出たことがない鳥**
- **◉飼育ケースで育てられているヒナ**
  など

手に乗ることを知らない鳥には、手に乗ることから教えます。おやつを用いて手に乗ると良いことがあると教えましょう。

考えられる理由 その二

↪手が怖い

肩や頭の上ばかりに止まりたがり、指や腕に止まらない鳥がいます。

頭や肩の上は人の手が届きづらい位置でもあるため、手に恐怖心がある鳥は、手ではなく肩や頭ばかりに乗りたがるものです。

手への恐怖心を持たせないよう、指や手で愛鳥を叩いたり脅したりしてはいけません。また、鳥を上から掴むことも天敵に襲われる瞬間をイメージさせてしまうのでNGです。

考えられる理由 その三

↪縄張りから出されたくない

ケージや特定の空間を自分の縄張りと考えている鳥は、そこから出ることを拒み手に乗りたがらないことがあります。ステップアップの練習をケージのある部屋と異なる部屋や離れた場所で行うと縄張り意識が薄れ、成功しやすくなります。

考えられる理由 その四

↪手に乗ることに意味付けをしている

ケージの外に出るときは抵抗なく腕に乗るものの、それ以外のときは乗らない鳥がいます。「飼い主の手に乗る→ケージに戻される」と鳥が意味付けしてしまうと、帰りたくないからと手を拒否することがあります。

ケージに戻るときも手にスムーズに乗ることができるよう、あらかじめケージにお気に入りのおもちゃやおやつをケージの中に入れておくとスムーズに戻ることがあります。

ステップアップはトレーニングの基本

鳥の行動を正しく理解し、予測を立てて行動するためには、よく観察するにつきます。ステップアップを嫌がるなら、ステップアップによって鳥が何かデメリットを感じていないかを考え、その原因を取り除きましょう。

ステップアップをすることでおやつをもらえたり、ケージから放鳥場所などの楽しい場所へ行けたりすることを教えましょう。人に乗って移動すると良いことがあると覚えたインコはその後、人とともに行動することを楽しみにするようになります。

芸やモノマネを教える

芸やモノマネをを教えることは、鳥、飼い主双方のよいコミュニケーションになります。教育ママにならず楽しみながら教えましょう。

コマンド(指示・命令)を一貫する

何を教えるにしても飼い主が愛鳥に出すコマンド(指示・命令)は重要です。

毎回、違う言い回しや、声のトーンが異なると、愛鳥は混乱します。わかりやすく一貫したコマンドを心がけましょう。

やってほしい動作を鳥が行う瞬間にコマンドを出すことも大切です。

インコはそのタイミングとコマンドに動作を関連つけて芸を身に着けます。

おもちゃに対する
恐怖心を取り除く

幼鳥の頃からいろいろな素材や形の物に触れさせておくようにしましょう。

触れて遊んでいるうちに期待していた行動があったときには、愛鳥にすかさずコマンドを出し、おやつを与えるようにします。

クリッカーを使うと
わかりやすさUP

カチっとクリッカーを鳴らした後におやつを与えることを繰り返し、クリッカーの音が鳴るとおやつがもらえることを教えましょう。

インコにとってクリッカーの音は言葉かけよりわかりやすさがあり、芸の幅が広がりやすいようです。しかし、この音を怖がるインコもいます。言葉かクリッカーか、いずれかの合図を用いましょう。

初級編

お手・おかわり

❶ インコを止まり木に乗せ、ひとさし指を差し出し、「お手」と声をかける。
❷ 脚をかけたら合図をしておやつを与える。
❸ 反対側の脚を乗せてきたら「おかわり」と言い、合図をしておやつを与える。

バイバイ

❶「お手」の要領で、ひとさし指を少し離れた場所からインコに差し出す。

❷インコが脚を上げようとしたら「バイバイ」と声をかけ、合図しておやつを与える。

ターン

❶床やテーブルの上でインコにおやつを見せ指に注目させる。

❷おやつを見せつつ、インコの目線のあたりで指を大きく円を描くように回す。

❸つられるようにしてインコがついてきたら合図しておやつを与える。

中級編

ニギコロ

❶手のひらをよく温めておく。

❷インコの頭部を優しく声をかけながら掻く。

❸落ち着いたら手のひら全体でインコを包むようにし、そっとひっくり返す。

※インコの両脚にペンなどを持たせると落ち着くことも。

❹ニギコロできたら合図しておやつを与える。

ダンクシュート

❶インコにボールを渡す。

❷ボールをクチバシで持ち上げたら、すかさず手を出しインコに手のひらの上にボールを置かせる。

❸手のひらの上でボールを離す(置く)ことができたら合図しておやつを与える。

❹これを繰り返せるようになったら、バスケットゴールを置いて、その前でおやつを見せ、ゴールにボールを入れるよう促す。

❺ゴールにボールを入れようとしたら合図し、おやつを与える。

❻ゴールを決めたら合図しておやつを与える。

※同じ手順でコインを貯金箱、ポストに手紙を入れる芸もできるように。

宙返り

❶ コットンパーチの上などで前転しているインコに「くるりんぱ」と合図しおやつを与える。
❷ 自発的に前転をするようになる。
❸ 「くるりんぱは?」と声をかけ促し、前転したら合図しおやつを与える。

興味を持たせることが肝心

脚で物を持ち上げる、床に転がるなど、愛鳥が繰り返し行う面白い動作に合図とおやつを用いて定着させると芸になります。

トレーニングの動画や本などを参考にし、工夫しながら挑戦しましょう。

モノマネを教える

鳥は気管の分岐点にある鳴管(めいかん)と人によく似た太く自在に動く舌を活用してモノマネを行います。たくさん話しかけてモノマネ上手に育てましょう。

インコは鳴き声による
コミュニケーションが活発

インコは卵の中にいるときから、親鳥と鳴き声によるコミュニケーションを行っています。

孵化してすぐに鳴けないヒナは生き残ることができません。

インコ仲間とのコンタクトも鳴き声によって行われます。別行動をとっている仲間との連絡や、危険を知らせるときに鳴き声を用います。

怒っているときは警告の声で鳴き、機嫌の良いときは大きな声でさえずり、ぼんやりしているとき、眠いときにも呟いています。

起きている時間帯はずっと鳴いているといっても過言ではないでしょう。

鳴くことはインコにとって重要な行為で、群れの仲間である飼い主や家族との距離を縮めるためにモノマネを覚えようとします。

メスよりはオスが有利

インコのメスもモノマネを覚えますが、オスのほうが求愛行動に熱心な分、モノマネにも積極的で、長文を覚え、完成度も高い傾向があります。

はじめは短いことばから

インコにとって「バイバイ」や「オハヨウ」は、覚えやすいことばのひとつです。

男性の声よりは女性の声のほうが聴きとりやすいようです。「かわいいね」、「いいこね」など、飼い主の感情のこもったことばは印象に残りやすく覚えます。同様な理由で「ダメ!」、「コラ!」なども、教えた覚えがなくても覚えやすいことばのひとつです。

覚えた言葉を忘れさせたいとき

下品なことばや恥ずかしいことばを、一回聞いただけで覚えてしまうことがあります。こちらが動揺するとかえってそのことばを乱発するようになるので、無視するに限ります。

言ってほしいことばをしゃべったときは、大げさに喜び褒めておやつを与え、そのことばを定着させましょう。

たくさん話しかける

無口な飼い主の鳥は無口なものです。愛鳥にできるだけたくさん話しかけましょう。話しかけられることをインコは楽しみにするようになり、就寝前などに密かに自主練習を重ね、モノマネをマスターします。

また、日ごろから愛鳥に話しかけていると、自然に単語の内容も理解し、絶妙なタイミングでことばを発するようになります。

中には家族みんなのモノマネができるようになったインコもいます。

褒めることで定着させる

じょうずに愛鳥が芸をしたら、すかさず褒めてごほうびを与えましょう。これが芸を覚え、定着させるためのよい動機づけになります。

芸やモノマネは、コミュニケーションの手段のひとつ

「飼い主ともっともっと近づきたい」、というインコの思いが芸やモノマネの原動力になります。いくらおやつを与えても、飼い主に興味を失った鳥に芸を教えるというのは難しいものです。

これらのトレーニングは愛鳥との絆を深めるコミュニケーションにもなります。毎日少しずつ教え、繰り返し練習させて芸のレパートリーを増やしましょう。

握手しよーか!

PERFECT
PET
OWNER'S
GUIDES

Medium sized Parrots
中型インコ
完全飼育

中型インコの
トラブル Q&A

中型インコに多いトラブル

QUESTION

1 子どもに噛みつきます。

4歳の子どもがいます。9才のコガネメキシコが肩に乗せているときに耳たぶや頬を噛むことがあり心配です。できれば仲良くさせたいのですが。

── ANSWER ──
子どもとのふれあいは目を離さない

まだ動物を優しく扱うことを理解できない年齢の子どもは、突然、声を上げたり強い力で触ろうとすることがあり、インコが怖がることがあります。

インコも怖いと感じたらまず逃げるはずですが、間に合わないと感じると、とっさの判断で噛みついて相手の攻撃をかわそうとします。

噛まれた側も驚いてとっさにインコを叩いたり振り払ったりしてしまい、そうなると関係は悪化の一途をたどるばかりです。

鳥と触れ合うときは、じっとして脅かさない

よう子どもによく伝え、大人が絶対に目を離さないようにしましょう。

インコは攻撃をしかけてくる前に、逃れようと逃げ惑う、唸る、クチバシを開き瞳孔を収縮させ、羽を逆立てて唸るなど、何らかの警告サインを出しているものです。

そのサインを周囲の大人が見逃してはいけません。

また、子どもの柔らかく薄桃色の指や耳たぶ、頬は、好奇心旺盛なインコたちにとって、おいしそうなフルーツに見えてしまうようです。

食べ物と間違ってしまった場合、止めに入っても間に合わないことがあるので、子どもとインコから目を離さず、信頼関係が構築できるまでは肩や指に止まらせるのではなく、スタンドや大人の手にインコを乗せて、おやつを与えるなど工夫しましょう。

大声で鳴かれて辛いです。

一軒家でズグロシロハラインコとヨダレカケズグロインコを飼育しています。

どちらも鳴き声が大きく、ついに先日、ご近所からクレームが入ってしまいました。

わたしが仕事から帰宅する時間帯に多く鳴くのですが、帰宅が遅くなるときもあり……。どうしたらよいでしょうか。

── ANSWER ──
防音対策グッズを駆使する

鳥の鳴き声は本能的なもので完全に止めることはできません。住宅密集地では一軒家でも隣近所にインコの鳴き声が響き渡ってしまうことがあります。大型インコ・オウムに比べ中型インコは、鳴き声はやや小さいものの、鳴く頻度は高めですので、防音対策が必要です。音は窓から漏れることが多いので、ケージを窓から離れた場所に置く、鳴く時間帯にはシャッターを下ろす、防音カーテンを下ろす、後付けできる防音用の内窓をつける、防音パネルでケージを囲うといった対策が考えられます。アクリルケースも防音効果が高く、鳥自身の視野を狭めないところが良いのですが、中の空気が淀みがちでケージ内の温度が上昇しやすいところが難点です。

鳴き声が激しいときは、ケージカバーなどで完全にケージの中を暗くしてしまうと一時的にではありますが静かになるはずです。

また、日頃からトラブルを防止するために、ご近所付き合いを大切にしましょう。気持ちよく挨拶をし、鳥を迎える時には「ご迷惑をおかけします」と、ひと声かけておくだけで相手の心証はだいぶ変わります。

「このくらいは」と、けたたましいインコの鳴き声を我慢できるのは飼い主であるからこそです。そうでない人にとってはただの騒音でしかないということを肝に銘じておきましょう。

なお、鳴き声を大声で叱ると鳥は返事があったと認識し、癖になって逆効果です。

　4才になるオキナインコを飼育しています。ふだんは賢く穏やかな自慢の鳥ですが、家に来客があると、インターホンの音が鳴ったその時からキーキーと甲高い声で騒ぎ出します。

　家の中に入ってくると、ヒートアップして大きな声で鳴き続け、ケージから出すと、来客に飛び掛かることもあります。

　また、来客が私に近づくと、飼い主の私まで噛まれてしまうことがあり、どう対応してよいのかわかりません。

—— ANSWER ——
縄張り意識を低下させる

　性成熟を迎える頃になると、穏やかだったインコが一変して攻撃的になることがあります。野生のオキナインコは30～50羽くらいの小さな群れを作り、木の枝を集めて大きな巣をそれぞれ団地のように作って暮らします。そこからも分かるように、もともと縄張り意識が高めの鳥ともいえるでしょう。

　家を自分の縄張り、飼い主や家族を群れの仲間と認識しているインコは、訪問者を敵とみなし、警告の鳴き声を張り上げて家や部屋に入れたがらないことがあります。

　それでもよそ者（来客）が入ってこようとすると、容赦なく攻撃を仕掛け、噛みついてしまうわけです。飼い主や家族に噛みつくのは、家族を守ろうとして「（侵入者から）今すぐ逃げろ」という合図とも考えられています。

　仲間を大切にするインコたちならではの行動ですが、このようなことにならないよう、幼い頃からなるべく多くの人や鳥と触れ合う機会を設け社会化を促したいものです。

　また、日ごろからケージの位置を日替わりで移動する、定期的に部屋や家の中の模様替えを行う、散歩や外出に連れ出すといったことを心掛けると、縄張り意識が少しずつ薄れてきます。

　来客とインコを触れ合わせたいときは、ふだん放鳥しない場所（寝室や客間など）で行うとスムーズに手に乗ることがあります。

　7才になるワカケホンセイインコを飼っていますが、毎朝、エサや水を交換するためにケージの入り口を開けると、わずかな隙間からするりと脱走してしまいます。

　その後はケージに帰ることをとても嫌がり、高いところを素早く飛び回るのでなかなか捕まりません。

　必死になって捕まえてはいますが、その際、抵抗され強く噛まれることもあって辛いです。

—— ANSWER ——
鳥が戻りたくなる工夫を

　インコが向かった部屋全体を暗くして視界を遮ってしまうと身動きがとれなくなり、捕まえやすくなります。行って欲しくない場所はあらかじめ電気を消して暗くしておくとその方向へは飛んでいかないものです。

　捕まえる際には軍手かタオルを用い、無事捕まえたら無言のままケージに戻します。

　素手で捕まえると、インコが人の手を怖がってしまい、手に乗らなくなります。

　また、インコを追いかけるときに名前を呼んでしまうと、名前を呼ばれると逃げる鳥になってしまうので要注意です。

　インコにとっては飼い主との鬼ごっこが朝の日課になっているのかもしれませんが、毎朝のように追いかけまわして捕まえなくてはいけない状況は、関係が悪くなるので今すぐ改善しましょう。

　ケージの入り口が広く開きすぎてしまうようであれば、大きめの洗濯ばさみなどを入り口の上に止めて広く開かないようにします。

　それでも強引に出てきてしまうようなら、世話の時間を思い切って放鳥タイムにあててしまうか、放鳥できる時間帯に世話のタイミングをずらしてしまいましょう。

　あるいは、ケージから飛び出した先に、「ここならOK」という鳥の居場所を設けます。

　スタンド（待ってて台）などにあらかじめエサを入れておき、そこで鳥が軽く食餌している間にエサや水を交換し、とっておきのおもちゃやおやつと一緒にインコをケージまで連れていくと大人しくケージに入ることがあります。いろいろ工夫してみましょう。

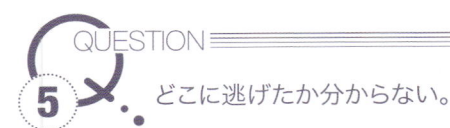
2才のズアカハネナガインコがケージのストッパーを自分で開けて逃げてしまいました。

家の中を探しましたが見つかりません。窓は開いていませんでした。家にいた家族はインコの気配には気づかなかったといいます。

家の外に出してしまった可能性もあります。どのように捜索すればよいでしょうか。

— ANSWER —
慌てず身近なところから捜索を

家具の隙間や冷蔵庫の裏など、誤って隙間に落ちて動けなくなっている可能性も考え、テレビ等、家電の音は消し、鳥の声や動く音がしないか耳を澄まして探します。鳥が二重にケガをしてしまうことがないよう、サッシの戸袋やシャッター、窓の開閉には細心の注意を払いましょう。

また、鳥だからといって、翼を羽ばたかせて飛んでいくとは限らないものです。窓や扉が開いていなくても、ほんのわずかな隙間から、トコトコと歩いて出ていってしまうこともありますし、網戸や障子を破いて出ていってしまうこともあります。なかには、ケージの留め具を器用に開けたり、引き戸や犬猫用の扉も開けたりしてしまう悪賢いインコもいます。

それに、インコはクリッピングしてあっても、気流に乗って遠くまで行ってしまうこともあります。外に逃がしてしまったら、かなりの広範囲に渡り捜索することが大切です。

手乗り鳥の場合、たまたま外を歩いていた人の頭や肩に飛び込むようにして乗り、保護されることもあります。

保護されて警察に届け出があった鳥は警察の遺失物捜索のホームページで検索することが可能です。愛鳥を遺失物として届出を行い、WEB上の愛鳥家の集まる迷い鳥の掲示板にも逃げた日時、場所、特徴、連絡先などを書き込んでおきましょう。

日ごろから気を付けていても、ちょっとした気のゆるみで鳥は逃げてしまうことがあります。家族みんなで対策を行いたいものです。

9才のインコを不慮の病気で亡くしてしまいました。

もっと早く気づいてあげていれば助かったかもしれないと思うと、愛鳥に申しわけなく、深い悲しみがこみあげてきて何も手につきません。

違う病院に連れていっていたら、違うエサを与えていたら、など、後悔してため息ばかりついています。

── ANSWER ──
大切なのは感謝の気持ち

悲しいことですが、愛鳥の死は避けて通れないことのひとつです。

寿命を全うすることなく、病気やケガ、事故などによって短命のうちに終わり、見送らなくてはいけない命も時にはあるものです。

生活をともに過ごした愛鳥を失ってしまうということは、悲しく辛いことですが、むやみに自分を責めるべきではありません。

愛鳥のことを思い、その時、その時で飼い主として最善の決断をしてきたはずです。

今、感じているその大きな喪失感と深い後悔は、愛鳥との絆がとても深かったことの証です。かけがえのない時間を共に過ごしてくれた愛鳥に感謝しましょう。

供養の方法は形にとらわれることはありません。自分にあった方法で行いましょう。

ペット専用の霊園や埋葬業者に依頼する場合、料金に幅があるため、数社から見積もりをとり、希望の供養の方法を業者に伝え、総額を書面で必ず確認します。

合同葬、個別葬、火葬の立会い、埋葬、返骨など弔い方によって費用が異なります。

自治体によっては、動物霊園に埋葬を委託しているところや、ペット専用の焼却炉を有するところもあります。

ペットの遺体をそのまま河原や公園に埋めることは法律で禁止されていますが、火葬が済んだ遺骨、遺灰であれば埋めることは可能です。

悲しみはいずれ時が解決してくれるはずですが、あまりに苦しい時は専門家や心を許せる人に辛い胸の内を聞いてもらい、悲しみを抱えこんでしまわないようにしましょう。

COLUMN インコが ストレスを 感じるとき

激しい呼び鳴きや毛引き・自咬、過剰な自慰といった問題行動は、いちど始まってしまうと癖になり、止めさせることは容易ではありません。その原因を知り、未然に問題行動を防ぎましょう。

不適切な飼育環境

インコには翼がありますが、ケージの中の鳥たちは辛いと感じてもその不適切な環境から逃げるということができません。

「炭鉱のカナリア」の話からもわかるように、空を飛べる鳥たちは状況の変化に対して敏感で、異常の中、逃げずにその場で耐え忍ぶということができません。

それでもその場にいることを強いられるケージの鳥は、心理的な逃避行動を起こすようになります。ストレスが引き起こす問題行動や体調の変化には以下のようなものがあります。

- 激しい呼び鳴き
- 毛引き
- 過剰な自慰行為
- 破壊行動
- 自咬
- 排泄物が水っぽく下痢気味になる
- 食餌の量が減る、あるいは食べなくなる
- 羽を噛みちぎる　等

飼い主にとって快適なものも、愛鳥にとってはストレスの原因になることもあります。

心当たりを見つけたらすぐにその原因を取り除いてあげましょう。

インコが苦痛に感じる環境の一例

- 暑過ぎる・寒過ぎる
- 狭過ぎるケージ（おもちゃが多過ぎることも含む）
- 薬品の匂い（アロマや香水、柔軟剤や芳香剤の香りも含む）
- 空気の汚れ（閉めきった室内の汚れた空気、ストーブやファンヒーターによる酸欠 等）
- 騒音（車やバイクのエンジン音や工事の騒音 等）
- 振動（地震や工事 等）
- 長過ぎる日照時間（夜も明るく落ち着かない環境 等）
- 突然の大きな物音（子どもの大声や犬の鳴き声、音楽なども含む）
- 新たにやってきたペット　等

退屈とヒマ疲れ

中型インコは知能が高く、ケージの中で何もせずに過ごすということは苦手です。

夢中になれるものがまったくない生活、刺激のない生活は面白くないため、さまざまな問題行動を引き起こします。

人の子ども同様、「じっとおとなしくしていて」とお願いしても、それが難しいのが中型インコなのです。

何か楽しいことはないだろうかと、いつでもワクワクするようなことはないか探しています。それがあまりにもなさ過ぎる

と、退屈してしまい、望ましくない行動に没頭してしまうようになります。

こういった事態を避けるために、日ごろからインコの退屈を和らげるためのグッズやイベントを用意しておきましょう。

たとえば、飼い主や家族が家を留守にする時間が長いようであれば、留守番をするときに一羽でも遊べるようなおもちゃを日替わりで与えます。

飲み込んでも安全な木片や編んであるワラなどを与えると、噛んだりちぎったりして暇つぶしをする鳥もいます。

フォージングとして、紙で種子などのおやつを巻いたり、ちょっとした箱に入れて与えるのも、インコの採餌行動ができるので、暇つぶしに最適です。

インコ向けに作られたフォージング用のトイを利用するのも良いでしょう。

ケージの場所を一か所に決めず、定期的に移すことや、同じケージではなくても、他の鳥を同じ部屋で飼うこともインコの退屈を軽減します。

心因性のストレス

- 飼い主との分離不安（飼い主が遊んでくれなくなった等）
- お気に入りのおもちゃがなくなった
- 同居の鳥と部屋が離された
- 家族の顔が見えない場所にケージを移された
- おなかがすいた
- 睡眠不足
- 不衛生な状況
- 生活のリズムが狂った　等

飼育環境の衛生面も見直しを

羽の汚れや換羽を契機にイライラが募り、問題行動が起こることもありますので、飼育環境の衛生状態には常に気を配り、定期的に水浴びをさせることも大切です。愛鳥に傷やケガがないかもこまめにチェックしましょう。

- 内部寄生虫
- 皮膚疾患
- PBFD
- 栄養障害による換羽の異常
- 皮下脂肪の過剰な沈着による血行障害　等

**PERFECT
PET
OWNER'S
GUIDES**

Medium sized Parrots
中型インコ
完全飼育

中型インコの
健康と病気

病気の予防と
動物病院の見つけかた、かかりかた

インコはケガもすれば病気にもなります。いざという時に備え、最低限の知識とファーストエイド（動物病院へ行くまでの救急処置）を身につけておきましょう。

病気の予防

心身ともに健康な状態で迎えたインコは、そう簡単に病気にかかることはありません。

多くの場合、誤った飼育方法が病気の原因となります。疾病予防の観点から改めて毎日の飼育を見直してみましょう。

●衛生面：

定期的に水浴びできる環境にあるか。排泄物や脂粉、抜けた羽、ほこりなどでケージの中が汚れてはいないか。

●環境面：

インコのストレスになるものがないか（騒音、振動、光、他の動物等）。

夜は暗いところでゆっくり静かに眠ることができる環境にあるか。定期的に日光浴ができているか。

飼育環境の温度・湿度は適切か。

●食生活：

栄養バランスの整った食餌をとっているか。傷んだエサや水を与えていないか。

動物病院の見つけかた、
かかりかた

鳥類を診察できる獣医師は増えてはいますが、そう多くはありません。病気やケガになってから動物病院を探したのでは遅すぎます。

口コミや診療内容をあらかじめ調べて気になる動物病院を探しておき、見つからないときは、ペットショップや地元の獣医師会に尋ねてもよいでしょう。次に動物病院にあたりをつけたら、元気なうちに健康診断を受けておきます。愛鳥の健康なときのデータを記録に残しておくことで、疾病にかかったとき、大きな助けとなります。

通院する際の準備

通院の際は、通気性のよいキャリーケースや飼育ケースなどにインコを入れます。カイロなどをケージの外側から貼り、毛布やタオルで冬場はケースを包み保温しながら連れていきます。（※獣医師によってはふだんの様子を知るため、ケージごと連れてくるよう指示がある場合もあります）

診察時に獣医師に伝えたいこと

動物病院にかかる時に獣医師から聞かれることが多い質問には以下のようなものがあります。診察時にはスムーズに答えられるようにしておきましょう。

鳥の名前、鳥の種類、年齢、性別、どこから迎えたか（ペットショップ、ブリーダー等）、他に飼育している鳥やどうぶつはいるか、繁殖経験はあるか、以前、病気にかかったことはあるか、診察を希望する理由、どんな症状が出ているか、いつからその症状は出ているか、何か原因となるものは考えられるか、等。

持参するといいもの

病気と思われる場合、体重の推移を記録したものと、排泄物をアルミ箔などに包んで診察時に持参すると診察に役立つことがあります（次にいつ排泄するかわからないため）。

動物病院に連れていく際に注意すること

興奮状態にある鳥には気を付けましょう。ふだんは噛まない鳥も痛みや恐怖のあまり、本気で強く噛みついてくることがあります。慌てず騒がず、鳥に触れることは最低限にし、噛まれないように注意しながらケースに入れて、保温しながら動物病院に運びます。

また、ケガや病気の程度、日時によって、いつもの動物病院では対応ができないこともあります。無駄足になってしまうことのないよう、あらかじめ動物病院に電話で診察時間、診察内容等を確認してから出かけましょう。

家庭での応急処置

体調不良時の初期症状

インコは本来、丈夫で強い生きものといえ
ますが、ぎりぎりまで病気やケガを隠そうとす
る生きものでもあります。明らかに具合が悪そ
うになったときには手遅れということも少なく
ありません。他の動物のように「様子見」が許
されないのがインコなのです。体調不良の
兆候にいち早く気づきましょう。

体調不良時の兆候

●活動量の変化：

鳴かない、モノマネや芸をしない、水
浴びをしない、反応が鈍い、排泄物が
一定の場所に山のようになっている 等。

●外見上の変化：

羽を逆立てるようにしている、眠ってば
かりいる、止まり木に止まらずケージの床
にうずくまっている、けいれんをしている、
翼や脚を引きずっている、腹部が腫れて
いる、羽が抜けている、鼻水、嘔吐で
汚れている、呼吸が荒い、眼球が濁る、
伸びすぎたクチバシ、開口呼吸 等。

●水や食餌の摂取量の変化：

食餌や水の摂取量が減る、あるいは
極端に増える 等。

●排泄物の変化：

排泄物の数、頻度、大きさ、色、形状
の変化、血が混じっている、未消化便 等。

●その他の変化：

床に血痕、大量の羽が抜け落ちてい
る、吐しゃ物が巻き散らかされている 等。

異変を感じたらまず保温

鳥は高い体温を保つため、体調不良時にはいつも以上に羽を膨らまし、温かい空気の層を纏い、からだを保温しようとします。異変に気付いたらすぐに保温を行いましょう。保温の目安はおよそ30℃です。

安静にできる空間を

インコが病気やケガから回復するためには、安静を保つことができる空間がかかせません。

周囲を警戒する必要のない場所にケースを移し、その上から毛布などをかけ、温か静かな、愛鳥が落ち着く環境を作ります。

夜間でも食餌ができるよう、ほんの少しの明かりを残してあげるとよいでしょう。

救急箱の準備を

いざという時に慌てないために、インコのための専用救急箱を用意しておくと安心です。

救急箱には、透明の水槽や飼育ケースを用いると、温度管理がしやすく、インコの看護や通院にも使えます。

救急箱の中身

- 使い捨てカイロ
- 瞬間冷却剤
- アイシングスプレー
- 止血剤
- 針のない注射器（傷口の消毒や強制給餌に用いる）
- ラジオペンチ（折れた羽を抜くため）
- ピンセット
- 保定用タオル
- 爪切り
- ペット用ヒーター
- はさみ
- ペンライト 等

ヒナ（ニョオウインコ）のさし餌の様子。巣立ち後もフードポンプやスポイトからおやつやジュースを与えておくと、投薬や強制給餌を行う際の抵抗を和らげることができる。

エサを食べない時は

　鳥は飛翔のため食物を体内に蓄えません。半日以上の絶食は危険です。しっかり保温しても食餌量が極端に減っている、あるいは食べようとしない場合は強制給餌をすべきかどうかを検討します。

❶食欲が落ちているときには、好きな食べ物（おやつやフルーツなど）を与えて食欲を刺激します。いつものペレットをジュースに浸すと食べ始めることもあります。

▼

❷①で食べようとしなければ、ヒナの育雛用のパウダーフードを湯でよく溶かし適温まで冷ましてからスプーンで与えてみます。

▼

❸②でも食べようとしない場合は、フードポンプを用いてゆっくり①をクチバシに少しずつ流し込みます。　※ポンプに空気が入らないよう注意

▼

❹水分も摂ろうとしない場合は、スポイトなどで経口補水液または40℃程度の白湯をクチバシから流し込みます。

▼

❺チューブを用いた強制給餌を行います。

※ 強制給餌は、窒息の危険や食道を傷つけてしまう危険があるため、動物病院で正しいやり方を教わってから行いましょう。

ケガややけど、誤飲の応急処置

　応急処置は病院に連れていくまでの最低限の対処にすぎません。骨折や脱臼で自己流で添え木を行うことも危険です。応急処置を行った後はすみやかに動物病院で診察を受けましょう。

ケ ガ

　インコは思わぬケガをすることがあります（窓や壁への激突、踏みつけ、鳥同士のケンカ 等）。

動物による咬傷事故は外傷に加えて体内にも致命的な傷や骨折を負うことが多いため、一刻も早く診察を受けましょう。

症　状：

歩行困難、止まり木から落ちる、羽が抜けている、出血、外傷 等。

応急処置：

出血している箇所があれば患部のそばを圧迫、止血剤で止血する。骨折が疑われる場合は、小ぶりのケースに鳥を入れ、動きを制限した状態で動物病院へ。

予　防：

放鳥中、目を離さない 等。

骨　折

鳥類の骨は飛翔のため、軽く薄く中が中空となっているため、骨折もしやすいといえます。

症　状：

関節の腫れ、跛行 等。

応急処置：

動きを制限するために小ぶりのケースに柔らかいキッチンペーパーなどを多めに敷き詰めて動物病院へ。

予　防：

放鳥時には目を離さない、カルシウム不足を予防する 等。

やけど

すぐに症状は出ないことも多いため、見た目には異常がなくても動物病院で診察をすみやかに受けましょう。

症　状：

患部が赤くなる、水疱、浮腫 等。

熱湯や蒸気によるやけど：

冷水、アイシングスプレーなどで冷却したタオルなどで患部を15分程度冷やす。

油によるやけど：

コーンスターチか小麦粉を患部に軽くまぶし、油を吸収させ、その後、他のやけど同様に患部を冷やす。

予　防：

キッチンやヒーターなどの熱源のそばに鳥を近づかせない。鳥を遊ばせている部屋でホットプレートなどは使わない 等。

誤飲、中毒

インコは好奇心が旺盛なところがあるため、身近にあるものを飲み込んで中毒症状を起こすことがあります。

症　状：

急な嘔吐、下痢、血便、呼吸困難、歩行困難、けいれん、麻痺 等。

応急処置：

原因となった毒物を速やかに取り除く。テフロン加熱ガスや揮発性の薬品、蒸気による中毒が疑われる場合、それらの影響のない場所に鳥を移動させる。すぐに窓を全開にし、換気扇を回して新鮮な

空気を取り込む。原因になったと思われる物があればそれを持参し、すぐに動物病院へ。

予　防：

エサと水は新鮮なものを与える。野菜やフルーツは水でよく洗い流す。台所や浴室への出入りを制限する。鳥の周囲で薬品（防虫剤、駆虫剤、カビとり剤、シンナーなどの揮発性物質）を用いない。タバコを吸わない。アロマオイルをたかない、テフロン加工の調理器具を使わない。

部屋はかたづけておく。クチバシに容易に入ってしまう大きさのものは置かない、人の食べ物を食べさせない 等。

新生羽出血

換羽で新しく生えてきた鞘のようなものに入っている羽（筆毛）は、羽軸の部分に血液が多く通っているため、その部分が折れると出血に繋がります。

症　状：

風切り羽根や尾羽の筆毛からの出血。

応急処置：

出血した筆毛を抜く、羽軸の根元を縛る、止血剤の塗布 等。

予　防：

クリッピング（羽切り）をしない、パニックを起こさない、ケガをしない環境を作る 等。

中型インコの罹りやすい病気

アスペルギルス症（ASP）

アスペルギルス（カビの一種）が気嚢や肺に入り、繁殖したことによって起こる。中型インコではアケボノインコの仲間に多くみられる。

症状：口の中に白いチーズ状のものが見える、多飲多尿、嗜眠、体重減少、呼吸困難、嘔吐、腹水による腹部膨満 等。

治療：抗真菌剤、吸入療法 等。

予防：ストレスの軽減、古いエサを与えない、ケージを清潔に保つ 等。

カンジタ症

カンジタは、鳥類の消化器官では糖や炭水化物の摂りすぎや抗生剤、ステロイド剤の影響・ストレスによって増殖しやすい。幼鳥を中心に全年齢で発生する。

症状：口腔、そのう、胃腸粘膜などに潰瘍や膿瘍。皮膚やクチバシに病変を作ることも。

治療：抗真菌剤 等。

予防：ストレスの軽減、加熱炭水化物や単糖類の制限、ビタミンAの摂取 等。

オウム病

クラミジア細菌による人畜感染症。

症状：結膜が充血、涙目、粘着質な鼻汁、くしゃみ、下痢、食欲不振、呼吸困難。人間に感染した場合、高熱や下痢。重症の場合は肺炎を起こすことも。

治療：抗生物質の投与 等。

予防：口移しで食べ物を与えない。排泄物はすぐに処理する。ケージを清潔に保つ。空気清浄機を利用する 等。

マイコプラズマ（MYC）症

症状は鼻炎症状（くしゃみ、鼻水）、結膜炎、MYCは単独で発症せず、ほかの病原体と組み合わさって発症することが多い。特に一歳未満の幼鳥に多くみられる。

症状：呼吸困難、食欲低下 等。

原因：マイコプラズマ細菌の汚染糞便からの吸引接触、飛沫感染による。

治療：抗生剤の投与 等。

予防：新鮮な空気、適切な栄養（特にビタミンA）、ストレスの軽減 等。

PBFD（オウム類嘴−羽病）

サーコウィルスによる感染症。中型インコの中ではハネナガインコやホンセイインコの仲間に多くみられる。

症状：羽色の変化、羽軸の異常（ねじれ、くびれ等）、羽の抜け落ち、脂粉の減少、食滞、食欲不振、嘔吐、下痢 等。

治療：インターフェロン療法 等。

予防：未検査の鳥との接触を避ける 等。

食　滞（そ嚢停滞）

エサが前胃へと消化されず、そのうに滞留している状態のこと。

症状：前胸部の膨張、食欲不振、酸臭のある嘔吐、膨羽、呼吸困難 等。

対処：スポイトでぬるま湯を飲ませ、胸部をやさしくマッサージする。胃のほうに滞留したエサを流すように促す。重症の場合は動物病院で吸引、投薬等が必要。

予防：水を切らさない、幼鳥の場合、さし餌を作り置きしない、消化を確認してから次のさし餌を与える 等。

ビタミンA欠乏症

症状：成長不良、結膜炎、流涙、鼻汁、鼻孔の閉鎖を伴う呼吸器疾患 等。

予防：ビタミンAの欠乏を防ぐため、主食が種子食の場合は、緑黄色野菜を積極的に与え、ビタミン剤を併用する 等。

カルシウム欠乏症

症状：成長遅延、歩行異常、骨折、卵詰まり、けいれん、麻痺 等。

予防：カルシウム源を適切に供給する。高脂食はカルシウムを阻害することもあるので注意。過剰な産卵もカルシウム不足を引き起こす。ビタミンDの生成のため日光浴を習慣にする、ビタミンDを含むサプリメントを与える 等。

ヨウ素欠乏症（甲状腺腫）

症状：肥大した甲状腺の気管及び鳴管の圧迫による開口呼吸、異常な呼吸音、膨羽、嘔吐、肥満、嗜眠 等。

予防：ヨウ素を含むビタミン剤の投与、ペレット食への移行 等。（ボレー粉などにヨウ素は含まれるが摂取量が安定しないため）

腎不全

腎不全とは腎機能が50％を割った状態を指し、脱水、高たんぱく食、循環不全のほか、ウィルスや真菌等の感染性のもの、腫瘍、低栄養など、原因になるものもさまざまである。

症状：元気喪失、膨羽、多飲多尿、体重減少、脚の麻痺、食欲不振、乏尿 等。

予防：腎臓に負担がかからない適切な食餌と発症前の検査、治療 等。

卵秘（卵詰まり）

メスのインコが食欲不振で、苦しそうにうずくまっていたり、脚がふらついているようであれば、卵詰まりを疑う。

対処：すぐに30℃程度に保温し、卵を産卵しないようであれば速やかに病院で処置を受ける。

予防：急激な温度・湿度の変化を避ける。適宜運動をさせる。未成熟な鳥や老鳥の産卵を避ける。ペレット・サプリメント等でカルシウムを適切に与える 等。

熱中症

鳥の体温が急上昇し、急に止まり木から落ちてぐったりしてしまう。重症な場合は落鳥することも。

対処：全身に水をかけ、風通しがよく涼しい場所に移す。冷水で絞ったガーゼなどで頭部を冷やす 等。

重症の場合は動物病院で強心剤の投与等の治療が必要。

予防：直射日光には当てない。炎天下や暑い室内、車内等に放置しない、保温時の温度管理の徹底 等。

毛引き症

毛引き症とは、鳥自身が異常なまでに羽を引き抜いてしまう行動のことで、さまざまな原因が複合して発生すると考えられている。

原因：分離不安や環境によるストレスなど心因性によるもののほか、内部寄生虫やPBFD（サーコウイルス）によるもの 等。羽の汚れや換羽などをきっかけに始まることもあるので、羽の状態を清潔に保ち、栄養の偏りに注意する。

予防：飼い主と適切な距離を常に保つ。ヒマや寂しさが原因の場合は、興味をひくおもちゃを与えるなど、ストレスを解消する 等。

COLUMN 過剰な発情について

　年に1〜2回の発情は生理的なものといえますが、それ以上、発情を繰り返す場合はインコのからだに過剰な負担がかかります。未然に予防しましょう。

発情予防のためのアイデア

　多過ぎる発情を予防するために、心がけたいことがいくつかあります。

**● 定期的にケージ内の
レイアウトやケージの置き場をかえる**

　↪ 安泰過ぎる環境は発情に繋がりやすいものです。インコにとってストレスにならない程度にケージの引越しやケージ内のレイアウト変更を行いましょう。必要以上に落ちつかせないための演出です。

● 爪や唇を近づけ過ぎない

　↪ インコの近くまで顔を寄せての甘いささやきや、爪先でのコチョコチョといった濃厚なスキンシップは発情に繋がります。インコの側にとって、それらの行動はつがいの愛情を確認する作業にほかなりません。背中やからだを撫でまわすことも同様です。触れていいのは頭部までと心得ましょう。

● いつも以上の粗食を心掛ける

　↪ 高カロリーなナッツ類や甘いフルーツを与えるのは控えます。
　インコにとって、「食べ物に恵まれている」という状況は野生下では、「繁殖チャンス」になります。
　野生のインコたちは、一年じゅう、おいしいナッツやフルーツに恵まれているわけではありません。栄養バランスの整った粗食を心掛けてください。

● 肥満傾向ならダイエットを

　↪ インコの肥満は発情に繋がりやすいので、栄養バランスのよい粗食に加え放鳥タイムにはしっかり運動させるようにし、肥満防止に繋げましょう。

**● つがいや複数羽での飼育の場合、
一羽ずつに分ける**

　↪ 発情スイッチから遠ざけるため、発情を繰り返す時は鳥を一羽ずつ分けて飼育します。

● 発情の対象物から遠ざける

　↪ 特定の物に嘔吐したり、総排泄腔を

特定の物にこすりつけているような
ら、それが発情対象と考えられます。
おもちゃ、止まり木、置物などのほ
か、鳥自身の趾、飼い主の手指な
どが対象になることがあります。

発情対象は取り除き、材質や色、
形状の異なる物に交換しましょう。

● 巣を作らせない

↳ 放鳥中にタンスの隙間や収納箱など、
巣の代わりになりそうな狭く暗い場所
を見つけるとたちまち発情のスイッチ
が入るインコもいます。発情が収まる
まではその場所には立ち入れないよ
うにし、巣材になりそうなティッシュ
なども隠します。

● 過保護にしない

↳ 健康な鳥の場合、過度な保温はやめ
ましょう。発情に繋がるだけでなく、
環境への適応能力も失われてしまい
ます。羽を膨らませていなければ、
保温は必要ありません。

● 日照時間は短めに

↳ 飼育環境の明るい時間が長くなると
発情に繋がります。

一日の日照時間を季節に応じて8〜
12時間までに減らし、夜は暗いとこ
ろでゆっくり休ませます。

リビングにケージがあり、完全に音や
光を遮断できない状況であれば、静
かな寝室などに小型ケージを用意し
て、そこを寝床にします。

● 偽卵を利用する

↳ メスの場合、産卵を続けると、カルシ
ウムが欠乏し、卵詰まりや骨密度の低
下によるケガが起こりやすくなります。

卵を産み始めたら、そこに石膏など
でできた偽卵を置いてみましょう。い
ちどに産卵する卵の数を抑制する効
果があります。

中型インコの卵としては、色や形、
触感、固さなど本物とはだいぶ異な
りますが、市販のオカメインコ用か鳩
用の偽卵を用いると良いでしょう。

発情は健康な証

体調が悪かったり、栄養状態が良く
ないといった状況下でインコは繁殖行動を
行いません。発情し、繁殖行動がとれる
ということは、そのインコが健康に申し分
なく、栄養状態も良好で、飼い主や家族
を群れの仲間と認めていることの証でもあ
ります。

PERFECT
PET
OWNER'S
GUIDES

Medium sized Parrots
中型インコ
完全飼育

すずき 莉萌　MARIMO SUZUKI

ヤマザキ動物専門学校非常勤講師（鳥類学）／一級
愛玩動物飼養管理士／臨床発達心理士／
早稲田大学人間科学部卒
鳥に魅せられて早 40 年以上の二児の母。
著書に「PERFECT PET OWNER´S GUIDES 大型インコ
完全飼育」、「PERFECT PET OWNER´S GUIDES オカメ
インコ完全飼育」、「だからやめられない！オカメインコ生
活」、「だからやめられない！インコ生活」、「ジュウシマツ
の飼いかた育てかた」、「小動物★飼い方上手になれる！
インコ」、「もっとインコと仲良く暮らす本」、「セキセイイ
ンコの学校」、「セキセイインコの救急箱 100 問 100 答」、
「オカメインコの学校」（すべて小社刊）他、多数。

島森 尚子　HISAKO SHIMAMORI

ヤマザキ動物看護大学動物看護学部教授／
早稲田大学大学院文学研究科英文学専攻博士／
後期課程満期退学
専門は英文学、比較文化
著書に「小鳥図鑑 - フィンチと小型インコたちの種類・
羽色・飼い方」、「ザ・カナリア - 最新の品種・飼育法・
繁殖・ケアがわかる（ペットバードシリーズ）」、訳書に
「決定版　ペットバード百科」（すべて小社刊）等。

大平 いづみ　IZUMI OHIRA

浅草生まれのイラストレーター。子供の頃より動物に
囲まれた生活を送る。現在のペットはモルモットのモッ
プとステップレミングのチボリ。
「PERFECT PET OWNER´S GUIDES 大型インコ完全
飼育」、「小動物★飼い方上手になれる！ モルモット」、
「だからやめられない インコ生活」、「やさしくわかる ジュ
ウシマツの育て方」、「マンガで楽しむ！ インコと飼い主
さんの事件簿」（すべて小社刊）などのイラストを担当。

大橋 和宏　KAZUHIRO OHASHI

フリーカメラマン。株式会社トリノスタジオ代表。
1962 年青森生まれ。飼鳥歴は 35 年以上。日本写真
芸術専門学校卒業。カタログ・ポスター等の写真撮
影を中心に活躍中。鳥の撮影はライフワーク。フォト
マスター検定エキスパート。日本写真作家協会会員。
http://www.geocities.jp/ohashikz/torinosutajiohomupeji/Top.html

製 作
Imperfect（竹口太朗／平田美咲）

【参考文献】

- 「コンパニオンバードの病気百科」小嶋篤史 著（誠文堂新光社）
- 「コンパニオンバード百科」コンパニオンバード編集部 編（誠文堂新光社）
- 「コンパニオンバード完全ガイド」Gary A. Gallerstein, D.V.M 著／越久田活子 監訳（インターズー）
- 「コンパニオンバード（No.6／p39-61）」（誠文堂新光社）
- 「インコとオウムの行動学」アンドリュー・U・ルエスチャー 著／入交眞巳、笹野聡美 監訳（文永堂出版）
- 「鳥類学」フランク・B・ギル 著／山階鳥類研究所 訳（新樹社）
- 「ペット・ガイド・シリーズ　ザ・インコ＆オウムのしつけガイド」マーティー・スー・エイサン 著／池田奈々子 訳（誠文堂新光社）
- 「ペット・ガイド・シリーズ インコをよい子にしつける本」マーティー・スー・エイサン 著／磯崎哲也 翻訳・監修／青木愛弓 監修（誠文堂新光社）
- 「ペット・ガイド・シリーズ ザ・コニュア」アン・C・ワトキンス 著／荻野由加莉 訳（誠文堂新光社）
- 「愛すべき天使たち インコの部屋」（スタジオ・エス）
- 「人はなぜ動物に癒されるのか」アレン・M・ショーン 著／太田光明 監修／神山京子 訳（中央公論新社）

（5 ～ 63 頁）
- Avian Resources. http://www.avianresources.com/
- Joseph M. Forshaw **"Parrots of the World: An Identification Guide"** NJ: Princeton University / Press, 2006.
- IOC WORLD BIRD LIST (8.1) http://dx.doi.org/10.14344/IOC.ML.8.1
- Rosemary Low **"Pyrrhura Parakeets: Aviculture, Natural History, Conservation"** Mansfield: INSiGNIS Publications / 2013.
- Parrot Society of Australia. https://www.parrotsociety.org.au/
- World Parrot Trust. https://www.parrots.org/
- 「世界鳥類和名・英名・学名対照辞典」石井直樹 編著 2007

Special Thanks （順不同 敬称略）

		〈モデルインコ〉	
中曽根ひろ子	岡野みゆき	大吉	パトラ
OKAMEN75	エリー	竹千代	タマコ
ぴいすけ	あぼまま	たら	黄鱗
ぺちぎん	のこ	おくら	ぷりん
TOMO	しまっち	吟二	なっちゃん
おぼーりん	おりーぶ	琴音	ベニちゃん
不二子	西英璃佳	あおちゃん	もも
姫ママ	菊地務	よもぎ	ヴィヴィ
沙良っち	大橋芽生子	きょろ	チロル
なみっきー	今井とも江	あんず	凛
mai	木皿儀瞳	ポンシュ	てんぽん
かかぼ	奥田しとみ	フレディ	きびちゃ
PURIN	柘植優子	イクス	キィちゃん
かをり	赤間絵里奈	ぐり	わかば
小川	のぞっちょ		

【協 力】

こんぱまる 上野店 　　ドキドキペットくん
こんぱまる 千葉店 　　Jiodie yohei sonoo
　　　　　　　　　　　　https://www.jiodie.com/

PERFECT PET OWNER'S GUIDES

飼育、接し方、品種、健康管理のことがよくわかる
（コガネメキシコ、オキナインコ、ウロコメキシコインコ 他）

中型インコ 完全飼育

2018年7月13日	発　行		NDC489.47
2021年12月10日	第2刷		

著　　者	すずき莉萌
発 行 者	小川 雄一
発 行 所	株式会社 誠文堂新光社
	〒 113-0033 東京都文京区本郷 3-3-11
	電話 03-5800-5780
	http://www.seibundo-shinkosha.net/
印刷・製本	図書印刷 株式会社

ISBN978-4-416-51848-9